中国人民政治协商会议江苏省委员会主席张连珍题词

2005 年 6 月 4 日，原国家环境保护总局、教育部和全国妇女联合会在北京人民大会堂召开全国绿色创建活动表彰大会，授予 100 户家庭全国“绿色家庭”荣誉称号（上图），112 个社区被评为全国绿色社区创建活动先进社区（下图）

2005 年 11 月 2—4 日，全国绿色社区创建活动经验交流会在江苏省苏州市召开

2004 年，江苏省绿色社区创建指导委员会成立以后，在南京市对申报首批江苏省绿色社区的单位进行考核验收

2006 年 6 月，在南京市举办的全省社区环保工作培训班上，江苏省环境保护厅和省妇女联合会领导为首批江苏省绿色家庭代表授牌

2010 年 1 月，在无锡市举办的绿色社区环保志愿组织低碳行动培训班上，国家环境保护部宣传教育中心、江苏省环境保护宣传教育中心、美国环保协会中国项目办、中国国际民间组织合作促进会绿色出行网络分专题指导江苏省绿色社区环保志愿组织开展低碳行动

2009 年 4 月，江苏省绿色社区环保志愿者表彰大会在南京市召开，同时启动全省绿色社区环保志愿组织联合开展保护臭氧层宣传活动

2009 年 4 月，为响应全省环保联合行动，江苏省泰州姜堰市环保志愿组织号召机关、社区、学校环保志愿者开展低碳行动，保护臭氧层，应对气候变化

2008 年 3 月，国家环境保护部宣传教育中心与江苏省环境保护厅联合在南京市沿河社区广场，举办社区千家碳排放调查及公众教育项目启动仪式

2008 年 11 月，国家环境保护部宣传教育中心、江苏省环境保护厅、美国环保协会、南京大学等单位领导共同在南京市梅苑社区种植碳减排纪念林

2008年11月，美国环保协会官员在南京市梅苑社区访问参加家庭碳排放调查的居民

2009年9月，英国金融时报记者在南京市沿河社区采访家庭碳排放调查

2007 年 4 月，无锡市南星苑二社区环保教育馆建成以来，已成为公众环境教育基地

2010 年 5 月，由国家环境保护部宣传教育中心和美国环保协会中国项目办发起，江苏省环境保护宣传教育中心主办的绿色社区家庭低碳文艺汇演在苏州市举办

2006 年 4 月，徐州市省级绿色社区组织开展家庭闲置物品交换活动

2008 年 3 月，南京市省级绿色社区举办家庭废旧物品手工制作展示会

2007 年 9 月，针对流经社区的河道环境遭到破坏，南京市沿河社区召开环境圆桌对话

2009 年 11 月，由国家环境保护部宣传教育中心协调指导，上海、江苏、浙江三省市环境保护局（厅）联合开展“穿越长三角——绿色出行看世博”，在江苏省南京市环保联合行动现场，绿色家庭和绿色社区代表冒雨承诺绿色出行

走向低碳时代

——家庭社区绿色创建启示录

张　丽　刘建雄　编著

中国环境科学出版社・北京

图书在版编目（CIP）数据

走向低碳时代：家庭社区绿色创建启示录/张丽，刘建雄编著. —北京：中国环境科学出版社，2010.9

ISBN 978-7-5111-0330-7

Ⅰ. ①走… Ⅱ. ①张… ②刘… Ⅲ. ①节能—基本知识 Ⅳ. ①TK01

中国版本图书馆 CIP 数据核字（2010）第 138287 号

责任编辑 沈 建
责任校对 刘凤霞
封面设计 玄石至上

出版发行 中国环境科学出版社
（100062 北京东城区广渠门内大街 16 号）
网 址：http://www.cesp.com.cn
联系电话：010-67112765（总编室）
发行热线：010-67125803，010-67113405（传真）
印 刷 北京市联华印刷厂
经 销 各地新华书店
版 次 2010 年 9 月第 1 版
印 次 2010 年 9 月第 1 次印刷
开 本 880×1230 1/32
印 张 7.375 插页 17
字 数 200 千字
定 价 20.00 元

序

世界各国工业化的迅速发展，燃烧了大量的含碳矿物燃料，产生了大量的 CO_2 等温室气体，破坏了大气的臭氧层，全球气候在变暖，冰山在融化，海平面在上升，不少岛国面临灭顶之灾。全球的气候发生了异常剧烈的变化，各种自然灾害频频发生，2010 年我国西南大旱，西北暴雪，华北寒潮，南方洪涝，所有的一切无不与全球气候异常变化有关。

频发的自然灾害，不仅造成社会经济和人民生命财产巨大损失，而且将严重影响到生物界的生存发展，进而危害到人类的生存环境。世界频呼，人类正面临巨大的灾难。

从《京都议定书》到哥本哈根气候变化大会，再到县、市、省、全国的“两会”，可以说逢会都能听到低碳的呼声。2009 年，中国政府对减少碳排放量向世界做出郑重承诺，2010 年“六・五”世界环境日中国确定的主题是“低碳减排，绿色生活”，表明了中国政府发展低碳经济的信心和决心，表明中国是一个负责任的大国。

发展低碳经济，主要是改善工业的能源结构，同时，也涉及社会生活的各个方面。全国开展的绿色家庭和绿色社区创建活动就是增强全民低碳教育的实践，这一活动包括增加绿色“碳汇”，吸收减少空气中的 CO_2，节约生活能源消耗和各种废弃物的回收利用等广泛的内容，活动是一个很好的形式。张丽女士作为江苏省环保宣教系统最早主持绿色家庭和绿色社区创建活动的负责人，白手起家，刻苦学习，善于思考，敢于探索，勇于创新，通过不断的实践，科学总结形成了适用于绿色家庭、绿色社区创建活动的环境技术、环境管理、环境文化知识体系，指导了社区绿色创建工作的开展，在全省树立起一批环境技术超前、环境管理优秀、环境文化独特、环境状况良好的社区典范，推进了城乡社区的环境保护工作。

张丽女士将在组织开展全省绿色家庭和绿色社区创建活动中积累的资料，经过总结、整理、提炼，最终汇编成这本书，目的是总结、宣传绿色创建活动的意义、作用和有关基本知识；推动绿色创建活动的开展，使各级领导和社会各界重视支持开展这项活动，使城乡的广大居民都积极参加到绿色家庭和绿色社区的创建中来，通过节能减排、低碳发展来保卫我们的地球，创建我们的绿色家园。

我相信，本书的出版发行定将会起到积极的作用。

凌启鸿

（原江苏省人民政府副省长、省人大常委会副主任）

目 录

第一章　绿色家庭创建活动

第一节　绿色家庭创建活动

一、全国绿色家庭创建活动

家庭是社会的细胞。由原国家环境保护总局①和全国妇女联合会共同开展的绿色家庭创建活动，是建设资源节约型、环境友好型社会重要的环保细胞工程。随着环保工作的深入开展，我国工业污染的比重逐渐下降，而生活垃圾、生活污水的比重逐渐上升，成为主要污染源之一，防治生活污染已经成为当前环保工作的重要任务。一方面要加大对生活垃圾、生活污水的治理力度；另一方面要从源头减少生活污染的排放量。

面对气候灾难危害日渐突出，生活中的低碳减排将成为防治生活污染的重要内容，日益被人类关注的温室气体排放将绿色家庭引申到低碳家庭，为居民家庭承担环境保护的社会责任拓展了新的领域，这个新领域既是历史的继承延续，也是当代的创新发展，更是时代的必然要求。

2003 年，在“六·五”世界环境日来临之际，原国家环境保护总局与全国妇女联合会联合发出《关于开展“绿色家庭”系列宣传活动的通知》，指导各级妇联和环保部门积极行动起来，面向家庭以“倡导绿色生活，营建绿色家庭”为主题，动员广大家庭从我做起、从身边做起，投身环境建设和保护事业，通过举办广大群众喜

---

① 2008 年 3 月更名为环境保护部。

闻乐见的家庭环保知识竞赛、家庭环保征文、绿色生活演示，出版家庭环保普及性读物，联合中央电视台在《神州大舞台》栏目开辟家庭环保专题节目等丰富多彩的系列宣传活动，大力宣传环保知识，倡导有利于环境的生活观念和生活方式，提倡合理消费，反对奢华浪费；推广各种节水、节能等环保新技术；推动垃圾分类，促进物质循环利用；推行绿色消费，引导家庭购买环保型物品，自觉抵制有害于环境的产品。从此，拉开了全国“绿色家庭”创建活动的序幕。

2004 年“六·五”世界环境日，全国妇女联合会与原国家环境保护总局在北京举行全国绿色社区创建活动启动仪式暨绿色家庭现场演示会，在进行绿色家庭“科学生活”现场展示的同时，明确绿色家庭是绿色社区的细胞，居民是社区的主人、是绿色社区创建的主体，提出依靠群众从垃圾分拣、节约用水等具体的生活细节开始，自觉选择亲和自然的生活方式，为建立健康的家庭生活方式作出示范。自此，将绿色家庭与绿色社区两个创建活动有机地结合在一起，进一步强化各级妇联和环保部门合力调动广大群众参与环境保护的积极性，增强了广大家庭成员的环境意识，涌现出了一大批从我做起、爱惜资源、保护环境的先进家庭。

2004 年 12 月 22 日，由全国妇女联合会与原国家环境保护总局联合主办的全国“绿色家庭”系列宣传活动颁奖大会在北京举行，全国人大常委会副委员长、全国妇联主席顾秀莲，原国家环保总局局长解振华，全国妇联副主席、书记处第一书记黄晴宜等领导出席并为获奖单位和个人代表颁奖，授予云南省、浙江省妇联和环保部门“绿色家庭”知识竞赛活动优秀组织奖，江西省等 8 个省（区、市）和云南省楚雄州等 31 个地市妇联和环保部门“绿色家庭”知识竞赛活动组织奖；浙江省等 6 个省（区、市）和北京市朝阳区等 17 个地、市、县“绿色家庭的故事”有奖征文活动组织奖；中央电视台《神州大舞台》栏目“绿色家庭”宣传活动特别奖；《我的“傻”爸爸》等 10 篇文章获得了“绿色家庭的故事”征文活动一等奖。顾秀莲在讲话中称赞“绿色家庭”系列宣传活动具有积极的务实作用，是新的历史时期对“妇女·家园·环境”宣传教育活动的深化。解振华在讲话中指出，在创建“绿色家庭”的过程中，许多家庭把绿色时尚带入家庭，把绿色理念付诸行动，从垃圾分拣、节约用水等具体的生活细节入手，倡导绿色生活方式和消费行为，自觉地选择亲和自然、保护环境的生活方式，提高了每一个家庭成员的环境意识和责任感。

2005 年 4 月，全国妇女联合会与原国家环境保护总局为了推进“绿色家庭”宣传教育活动系统化、规范化、长效化，激励在“绿色家庭”系列宣传活动中表现突出的家庭，拟定了全国表彰“绿色家庭”的评选条件。

2005 年 6 月 4 日，在第 34 个世界环境日到来之际，原国家环境保护总局和教育部、全国妇女联合会在北京人民大会堂隆重召开全国绿色创建活动表彰大会，授予李长林等 100 户家庭全国“绿色家庭”荣誉称号。这些家庭从生活细节做起、从自身做起，亲近自然，保护环境，崇尚科学，追求文明，在养成良好的公共环境道德和日常生活习惯等方面发挥了示范作用，为建立健康科学的家庭生活方式作出了表率，是全国亿万家庭学习的榜样，必将成为全民参与环境保护的绿色旗帜。这 100 户家庭在以后的通常意义上被称为首批全国“绿色家庭”。

2007 年 1 月，随着全国蓬勃发展的绿色创建活动全面推进、不断深化，全国妇女联合会与原国家环境保护总局决定在各地开展“绿色家庭”创建活动的基础上，联合评选表彰第二届全国“绿色家庭”，以典型的示范作用影响和带动全民环保意识的提高。

2007 年 6 月 5 日，原国家环境保护总局、教育部、全国妇女联合会在北京人民大会堂举行世界环境日暨全国绿色创建活动表彰大会，原国家环保总局局长周生贤、全国妇联副主席洪天慧、教育部部长助理杨周复、联合国开发计划署驻华代表马和励出席会议并讲话。大会授予袁放等 468 个家庭全国“绿色家庭”荣誉称号，这 468 个家庭史称第二批全国“绿色家庭”。

周生贤在讲话中指出，我们清醒地认识到，全球气候变化已经是一个现实的威胁，控制温室气体排放必须摆上重要议事日程。这既是保护全球环境的需要，也是我国建设资源节约型、环境友好型社会，实现自身可持续发展的必然要求。我们要以节约资源、优化能源结构、加强生态保护和建设为突破口，以开发低碳技术、发展低碳经济为重点，加快制定和完善有利于控制温室气体排放的相关法律法规，广泛开展国际合作，与国际社会一道勇敢迎接气候变化的挑战。联合国秘书长潘基文为大会发来的贺信中说：人类活动造成的温室气体排放正在使世界日益融化，在南北极地区，气候变化最为明显，这种现象对北极人民和生态系统具有深远影响。然而，这不仅仅是南北极的问题。随着海平面上升，全世界低地岛屿和沿海城市居民面临严重灾难。全世界保险公司极端气候世界的理赔支出一年超过一年。值得庆幸的是，存在许多政策和技术办法，可以避免一触即发的危机。贺信希望发达国家做出更大努力，减少温室气体排放，鼓励提高能源效率，努力防治和减缓气候变化。自此，为“绿色家庭”创建活动赋予了全新的低碳内涵。

二、江苏省绿色家庭创建活动

2005 年，在被表彰的首批全国“绿色家庭”中，经江苏省妇女联合会与环境保护厅联合推荐，李玉华家庭、刘鲁平家庭和陈洪波家庭被授予全国“绿色家庭”荣誉称号。之后，如何将江苏省“绿色家庭”创建活动作为长效性的年度工作，摆上了江苏省环境保护厅和妇女联合会的工作议程。为此，作为具体工作的主管部门，江苏省环境保护宣传教育中心和省妇女联合会宣传部达成共识，制订江苏省“绿色家庭”评选表彰标准，指导市、县、区环保部门和妇联有序开展“绿色家庭”创建活动。

2006 年，江苏省环境保护宣传教育中心经过学习、调研、借鉴、研讨，拟订了江苏省“绿色家庭”评选条件，提交江苏省环境保护厅和妇女联合会审定。当年 2 月，江苏省环保厅与省妇联联合下发了《关于在全省开展“绿色家庭”评选表彰活动的通知》，开启了江苏省“绿色家庭”创建活动的年度工作。

通知明确了江苏省“绿色家庭”评选表彰是一项社会公益活动，在全省各级绿色社区的家庭中开展，每年从“三·八”国际妇女节到“六·五”世界环境日期间评选表彰一次，目的是把“三·八”国际妇女节、“六·一”国际儿童节和“六·五”世界环境日三大国际性纪念活动日作为工作节点，将妇女、儿童、环保组合成一个整体，开展“绿色家庭”创建活动，既可以体现妇女联合会的重点工作内容，也可以整合少年儿童工作委员会和学校的工作资源，更重要的是由此成为环保系统联合多个部门，共同搭建公众参与环境保护、努力提高全民低碳意识的新平台。

为了将绿色家庭和绿色社区两项关联的创建活动有机结合，通知还规定了江苏省“绿色家庭”在各级绿色社区中推选产生，每年表彰授牌名额以各地省级绿色社区为核算基数，一个省级绿色社区为一个表彰授牌名额，各省辖市环保局和妇联每年根据上一年度本地被命名的省级绿色社区总数申报江苏省“绿色家庭”。评选由社区居委会推荐，经街道办事处及区（县、市）环保部门和妇联评选，报市环保部门和妇联审核，由省环保厅与省妇联联合评审确定后进行表彰授牌。

2006 年“六·五”世界环境日前夕，南京市鼓楼区湖南路街道丁家桥社区郑宏财家庭等 84 个家庭被评为江苏省首批“绿色家庭”，省环保厅与省妇联在南京市举行了表彰授牌大会。之后，南京市鼓楼区江东街道世纪花园社区谢非等 66 个家庭被评为 2007 年度江苏省绿色家庭，南京市鼓楼区江东街道聚福园社区李欣家庭等 80 个家庭被评为 2008 年度江苏省绿色家庭，南京市鼓楼区湖南路街道南秀村社区王耀南家庭等 81 个家庭被评为 2009 年度江苏省绿色家庭。

2007 年，在表彰第二届全国“绿色家庭”的工作过程中，江苏省妇女联合会与环境保护厅从省级绿色家庭中遴选了南京市鼓楼区湖南路街道丁家桥社区郑宏财家庭、南京市鼓楼区宁海路街道马鞍山社区赖文英家庭、南京市雨花台区雨花新村街道邓府山村社区成同寅家庭、南京市江宁区秣陵街道科苑社区韩国源家庭、无锡市滨湖区蠡湖街道山明社区钱娟英家庭、无锡市新区长江路街道太湖花园第二社区孙景洵家庭、无锡江阴市澄江镇虹桥街道花家坝社区潘名康家庭、徐州市云龙区彭城街道晓光社区周脉蓉家庭、徐州市泉山区翟山街道管道社区曹生宝家庭、常州溧阳市溧城镇城西街道燕山南苑社区叶声才家庭、苏州张家港市杨舍镇万红社区马浩家庭、苏州常熟市虞山镇琴湖街道枫泾社区陶祖荣家庭、苏州太仓市城厢镇县府社区戴干家庭、苏州高新区狮山街道馨泰社区刘秀英家庭、南通市开发区中兴街道星湖社区倪建伦家庭、连云港市新浦区苍梧社区罗栋生家庭、盐城市亭湖区黄海街道南苑社区张一峰家庭、扬州市广陵区文峰街道连运社区陈大龙家庭、镇江市京口区正东路街道江科大社区周赵妹家庭、宿迁市宿豫区顺河镇豫苑社区袁振尧家庭等 20 个家庭进行推荐，结果全部被授予全国“绿色家庭”荣誉称号。

截止到 2009 年度，江苏省环境保护厅与省妇女联合会共表彰了 311 个“绿色家庭”，其中 23 家被全国妇女联合会与原国家环境保护总局联合授予全国“绿色家庭”荣誉称号，占全国表彰总数的 4%。江苏省通过绿色家庭创建活动，一方面，用典型带动的方法提高社区居民的环境保护意识，使其自身日常行为环保化；另一方面，一定程度解决了绿色社区创建活动中人力资源缺乏的困难，使社区环保工作经常化。

同时也要看到，在开展绿色家庭创建活动过程中，形式和内容都存在一些值得改进的地方。没有将“绿色家庭”与绿化家庭、健康家庭、文化家庭、体育家庭等其他类别家庭的评选表彰活动有所区别，不利于在居民和家庭层面上深入推进节能减排，将公众的环保关注度集中引向全球化低碳时代。再就是工作的指导性、深入性、连续性不够，特别是省、市两级基本停留在申报材料和评估材料的案头工作上，没有通过调查研究、座谈交流搭建环境保护宣传教育的活动平台，在居民低碳行为、家庭低碳生活、社区低碳行动中充分发挥国家和省两级表彰的“绿色家庭”的典型示范作用。

三、绿色家庭创建活动中的低碳要素

实践证明，绿色家庭创建活动用广大群众喜闻乐见的形式，将环境保护知识送入社区、送进家庭、送到居民身边，是推进公众参与环境保护、提高公众环保意识、组织家庭踊跃参与环保社会实践的有效措施，是符合民心民意、深受群众欢迎的环境保护宣传教育实践活动，是符合构建社会主义和谐社会的时代要求、得民心顺民意的“为民工程”。当前，由政府引导、部门指导、各方配合、群众参与的环境保护工作格局正在形成，在广大家庭的积极参与下，绿色家庭创建活动一定会更加深入人心，必将对全社会树立环境保护观念，弘扬环境文化，倡导生态文明，灌输低碳理念，形成关注环境、珍惜环境、保护环境、建设环境的良好社会风尚产生积极的影响。尤其是身处已经来临的全球化的低碳减排时代，广泛开展、深入推进绿色家庭创建活动，通过推动全民低碳意识的提高，构建居民低碳行为、家庭低碳生活、社区低碳行动、社会低碳经济这样一条根植于基层社会、具有鲜活生命力的低碳链，使绿色生活成为居民日常行为的重要内涵。

早在 2005 年制定的全国首批“绿色家庭”评选表彰条件中，“自觉节约资源，积极利用环保能源，积极进行家庭废物分类回收”就较早地体现出居民及家庭环保行为中的低碳要素，随后开展的全国“绿色家庭”资源节约行动，更集中体现了居民低碳行为、家庭低碳生活的雏形。

在江苏省“绿色家庭”评选细则的环境行为中，第 4 条“尽可能选用公共交通工具”、第 6 条“废物分类回收、多次循环利用”、第 7 条“家庭开展节能行动，自觉节约用水用电及纸张，减少使用浪费资源的一次性消费品”、第 8 条“家庭积极利用环保能源”和 第 9 条“杜绝过度消费”等内容都包含了低碳要素，为引导居民低碳行为、家庭低碳生活预设了基础条件。江苏省首批获得全国“绿色家庭”荣誉称号的南京市浦口区泰山街道李玉华家庭，正是因为积极参与社区居委会组织开展的“绿化阳台，美化社区”活动，以其长势旺盛的庭院绿化成为当地开展“绿色家庭”创建活动的典型，为将爱绿、植绿、护绿的理念深入到千家万户起到了引导带动作用，他家的示范效应隐含着后续发展起来的居民绿地认养、家庭自助绿化及社区碳汇林建设这些实施碳中和的基础做法。

2010 年 3 月 24 日，由全国妇女联合会、中央精神文明办、国家发展和改革委员会共同主办的“低碳家庭·时尚生活”主题活动，在全国 31 个省、自治区、直辖市同步启动。全国妇联副主席、书记处第一书记宋秀岩在讲话中指出，家庭是我国妥善应对气候变化、实行节能减排的一支重要力量。我国有 3.7 亿个家庭，如果所有家庭都积极行动起来，每节约 1 度电，就将减少 2.9 亿千克碳排放，每节约 1 吨水就将减少 0.72 亿千克碳排放，每少使用一个塑料袋就将减少 37 吨碳排放。因此，家庭开展低碳行动意义重大、大有可为。在全国城乡广大妇女和家庭中开展“低碳家庭·时尚生活”主题活动，就是要通过开展发倡议书、读书征文、知识竞赛、小创造小发明等一系列具体活动，大力宣传普及低碳知识，帮助妇女和家庭树立低碳生活理念，积极倡导低能量、低消耗、低开支、低代价的家庭低碳生活方式，引导广大妇女和家庭共建绿色环境，共享绿色生活。

在活动现场，著名影视演员、“低碳家庭·时尚生活”主题活动使者周迅宣读了使用节能灯，随手关灯、拔插头；少用空调多开窗；使用节水型洁具，循环用水；温水洗衣自然晾晒；随身自备饮水杯，不用一次性纸杯；少喝瓶装饮料，多喝白开水；外出用餐自备筷、勺等便携餐具；购物使用布袋子，尽量不用塑料袋；电梯少乘几层，楼梯多爬几层；每周少开两天车，多坐地铁和公交车；每周上班走路或骑自行车一两次；多在户外运动锻炼，少去健身房；提倡减少荤食，合理健康饮食；家里多养花种草，绿化居室环境；建立家庭低碳档案，核算每月家庭减少的碳排放量等“家庭低碳计划十五件事”。全国“五好”文明家庭标兵户代表岳云雷向全国广大家庭发出了践行低碳生活的倡议。低碳示范家庭进行了节水马桶改造、易拉罐和可乐瓶再利用、废旧衣服改制购物袋等低碳家庭生活演示。参加活动的众多家庭成员对主题活动表现出极大兴趣，纷纷表示要积极践行家庭低碳计划 15 件事，以实际行动减少家庭二氧化碳排放。

同一天，广东省举行了“低碳家庭·时尚生活——万户家庭绿道欢乐游”主题活动，号召广大家庭绿色出行、亲近自然。山东省开展了“我低碳、我行动”家庭健步走活动。福建省开展了海峡两岸姐妹共同营建“海峡姐妹林”义务植树活动。湖北省开展低碳生活作品主题秀，现场发放家庭低碳生活档案，设置市民环保低碳体验区等活动。

第二节　社区环保志愿组织

一、公众参与环境保护的新趋势

公民环境权包括公民在良好、健康的环境中生活的权力，享有优美环境的权力，参与国家环境管理的权力，在环境管理权方面有环境保护的监督、举报和控告权力，并享有取得保护和赔偿的权力等。正是由于公众享有环境权，所以公众参与环境保护是保障环境权实现的现实需要。近几年来，公众参与环境保护的特点与社会整体公众参与同步发展，呈现出新的变化趋势：

（1）从动员参与到自主参与，这一特点主要体现在环境维权方面。因为现实生活中水环境污染、噪声和油烟扰民等很多环境问题涉及公众的个人利益，使得公众不再需要动员也能自主参与环境维权。例如，社区居委会需要在某一时间开展环保活动，便会通过张贴宣传海报、通知积极分子等方式，达到动员居民踊跃参与的目的。但是，小区里的餐饮店如果产生了污水和油烟、小五金加工点噪声不断，居民就会自发地向有关部门举报，甚至连续通过信访或电话投诉，努力推动污染问题的解决。自 2006 年开始，国家、省、市、区环保部门，以及街道办事处、社区居委会共同在 14 个省（直辖市、自治区）的 24 个城市共 30 多个社区开展的社区环境圆桌对话试点，占半数以上的对话题目是由社区居民对小区内饭店油烟、污水、噪声破坏生活环境进行举报产生的。

（2）从松散型参与到组织化参与，这一特点主要体现在环保活动方面。例如，以往报刊、广播、电视宣传的环保活动很多内容是徒步走长江、单骑环省行，现在更多的是结合世界水日、地球日、环境日、无车日、生物多样性和保护臭氧层等环保纪念日，由环保部门指导，社区居委会组织，集中开展具有一定规模的环保主题宣传活动。

（3）从孤立参与到横向联系，这一特点主要体现在营造环保宣传氛围方面。例如，几年前，社区环保活动多是独自开展，现在常常是由市、区、县环保局结合重点环保工作，指导街道办事处，联系几个社区或汇集在一个广场，或设一个主会场及若干个分会场同步开展环保联合行动。

（4）从低参与到高参与，从体制外参与到体制内参与，这一特点主要体现在制定环保政策方面。也就是说，现在深层次的公众参与环境保护已从组织开展活动向影响制定政策方向发展了，例如对即将出台的环保政策举行的听证会、对话会、恳谈会都邀请环保志愿者参加，多方面听取反馈意见。

二、社区环保志愿者

“志愿者”、“民间组织”这些词组目前在中国大陆还是新兴的概念，但已初显效能，成为社会广泛议论的热门话题，特别是2008年中国汶川大地震中参与救援的志愿者多达20万人，几乎超过参加抢险军队官兵的一倍，还有北京奥运会志愿者的优异表现，使得国际奥委会从此专设志愿者奖，都充分说明全民志愿意识在不断提高，彰显了新时代志愿者、志愿精神的特定作用。

同样，“环保志愿者”、“社区环保志愿者”、“社区环保志愿组织”、“社区环保志愿组织网络”也是近年来在绿色家庭和绿色社区创建活动中产生的新生事物。这些由环保志愿主义引发的公众参与，是绿色创建十分重要的基石。因此，从国家到省、市绿色家庭和绿色社区考评指标体系中，都强调了环保志愿者的重要作用，对社区环保志愿组织的建设提出了明确要求，例如首届全国“绿色家庭”评选条件中就列出家庭成员积极参与全国绿色家庭创建活动。在江苏省绿色家庭评选条件中则明确提出：家庭成员均为社区环保志愿者，积极参与绿色创建。如江苏省绿色社区考评指标中更具体规定了：成立以区内居民为主体的环保志愿者队伍；考评要求中则明确：制定公众参与环保的有效措施，环保志愿者占区内居民总数的5%，志愿者督察活动每季度开展一次。

正是因为环保志愿者在绿色创建活动中的基础作用，所以在绿色家庭和绿色社区创建活动中要重视环保志愿者的发现和培养，引导居民中热心环保事业的积极分子自觉学习环境保护常识，了解志愿行为准则，密切配合社区居委会宣传环保志愿行为的意义，参与市、县、区环保部门组织的社会化低碳公益活动，通过环境认同不断招募环保志愿者，组建社区环保志愿组织。

三、社区环保志愿组织

社区居民并非一个抽象的整体，而是不同的居民群体有着不同的需求，参与不同的事务，采用不同的行动策略，建立不同的互动关系，形成不同的社区认知和认同。

社区环保志愿者无论是在职的或离退休的，还是无业的，都具有生态危机意识、自然关怀意识、环境责任意识、环保参与意识，具备志愿者的利他主义、社会交换、在过程中结盟的特质，他们或为实现个人的社会价值，或为共同的奋斗目标，不是靠政府，不是靠权力，不是靠利益，而是通过自觉的奉献，努力实践环保志愿精神，促成人们能够在参与绿色家庭和绿色社区创建活动中，把个人需求与公益任务和环保作为很好地联结起来。将这样一群具有环保责任、志愿意识、奉献精神、散居社区的特定群体，通过社区环保志愿组织形式集合起来，可以适应政府环保职能的转变，满足居民参与环保事务管理，推进社区环境自治的需要，应对全球气候极端变化诱发自然灾害频发的挑战。

例如，2009年3月，江苏省环境保护宣传教育中心在南京市江宁区东山街道邵圣社区举办全省绿色社区环保志愿者联合开展低碳行动，保护臭氧层，应对气候变化宣传活动，来自苏州昆山市绿色社区的环保志愿者代表向全省绿色社区环保志愿者发出倡议：① 经常学习保护臭氧层知识，了解臭氧层遭破坏的常见因素和最新动态，增强自身的环境保护意识；② 不断地提高对保护臭氧层的认识，从全球利益和国家环境安全的高度来正确看待保护臭氧层的重要性，积极参与淘汰消耗臭氧层物质的多项活动；③ 主动向左邻右舍宣传保护臭氧层的常识，在社区居民中扩大保护臭氧层的队伍；④ 积极宣传和支持企业淘汰消耗臭氧层物质生产设备的改造工作；⑤ 不购买对臭氧层具有破坏作用的产品，以实际行动参与淘汰消耗臭氧层物质的工作。随后，泰州姜堰市乡村环保生态家园协会积极响应，联合姜堰镇团委、姜堰镇古田社区通过环保志愿者发出“关爱生命、关爱臭氧层”的倡议，举办少年儿童环保绘画、家庭绿树认养、居民保护臭氧层签字，呼吁广大市民少开一天车、多栽一棵树，以自己的实际行动将保护臭氧层融入绿色社区的创建活动中。镇江市京口区大市口街道华润新村社区也组织联合行动，以腰鼓队的形式演唱环保歌曲，利用宣传栏展示环保儿童画，为群众免费发放环保布袋、环保手帕和菜篮子，为绿色家庭免费更换节能灯等系列活动。

以环保志愿精神为纽带的社区环保志愿组织是以保护环境为宗旨的非政府、非营利组织，是社区民间组织体系内重要的组成因子。基于居民活动、社区建设与民间组织发展的内在联系，绿色家庭和绿色社区创建活动为环保志愿组织提供了生长空间，环保志愿组织也在绿色家庭和绿色社区创建活动中扮演着星火燎原的重要角色，他们用能够适应社区公民环境权特点的活动方式，传播低碳知识、增强环保意识、建设生态文明、倡导人与自然和谐与共，这种角色是在绿色家庭和绿色社区创建架构规范中界定的，建立的功能通过绿色家庭和绿色社区创建制度及组织的协调与安排，来影响居民低碳行为、家庭低碳生活、社区低碳行动程度的提高。

在江苏省无锡市 3 个首批省级绿色社区中，有 2 个是由环保志愿组织引导和推动建成的。无锡市地球卫士环境文化促进会在获知该市启动绿色社区创建活动信息后，及时与市环保局取得联系，积极参与新江南花园社区的创建试点工作，他们首先深入社区调研，针对居委会对“绿色社区”这个新理念、新课题缺乏感性认识，以及对如何将环境保护纳入文明社区建设感到难以入手的难题，围绕“三个明确”即“为什么要创建绿色社区”、“创建绿色社区达到什么目的”、“如何创建绿色社区”，帮助居委会策划制订了绿色社区创建工作计划和环保公约；其次是通过协调沟通，组建了创建领导小组、联席会、环保志愿者三支创建队伍；最后是参与环保宣传教育活动，提供宣传资料，布置宣传橱窗，与居委会联合发出《垃圾分类告居民书》等，促进居民环境意识的提高，使创建活动落到实处，使保护环境从我做起真正成为居民的自觉行动。

泰康新村社区多是 20 世纪 70 年代的建筑，环境基础设施差，绿化覆盖率低，无锡市启动绿色社区创建活动后，社区居委会虽然有行动的念头，但存在硬件设施差、创建难度大的思想顾虑。无锡市生态良性循环科学研究所便向居委会建议：创建工作可以从培养居民绿色道德、生活方式和行为习惯等素质方面做起，硬件不足用软件建设来填补，创建一个有本社区鲜明特点的“绿色社区”。于是，居委会便聘请该所获得过“地球奖”[①]的知名环保志愿者杨国新任指导员，把绿色社区创建活动放到了社区工作的重要议事日程上，组建创建网络，制定创建规划，落实创建措施。在创建过程中杨国新定期提供资料、现场讲课，辅导居民逐步提高对环保理念的认识，使创建活动由过去偏重环境卫生到注重居民环境意识的养成和行为规范的转变。居委会还筹集了 100 多万元资金，在环保志愿者的协助下，为居民安装节能灯，倡导随手关灯；更换节水型器具，

① “地球奖”是经原国家环境保护总局和国务院港澳办公室批准，由中国环境新闻工作者协会与有关合作单位于 1997 年共同设立的国内第一个环保大奖，宗旨是表彰在环境领域作出突出贡献的国内新闻工作者、教育工作者、社会各界人士及青少年集体，提高公众环境意识，推动中国环境保护事业的发展。

倡导一水多用；为党员、居民小组长发放菜篮子，方便远离白色污染；买来新电池让居民以旧换新，指导居民垃圾分类；为小鸟筑巢，形成群鸟捕虫，不再喷洒农药；对下水道进行雨污分流改造，污水接入处理厂管网；购买香樟、柏树、雪松进行补绿；开展“绿色庭院”、“最佳优美院落”和“节能家庭”等评比活动，在社区里树立典型。一系列扎实有效的措施改变了社区环境，环境变化影响了居民习惯，居民的环境意识、行为规范、道德境界都有了新的提高，为自觉爱护赖以生存的家园营造了良好氛围。

四、建设社区环保志愿组织

认同是人们在交往活动过程中，为他人的感情和经验所同化，或者自己的感情和经验足以同化他人，彼此间产生内心的默契，是社会行动者被结构化和组织化后，为其行动的目的所做的象征确认。合法性认同是行动者积极意义的来源，也是行动者经由个别化的过程而建构的，所建立的意义是产生公民社会。

环境认同是建立在人们共有的，对美好生态环境的热爱和向往，对日益恶化的生存环境的恐惧和愤怒的情感精神基础上，通过相互间或对所能感知的环境问题进行思想交流，或对所能参与的环保活动进行行为互动，或对所能推进的环保前沿进行领军鼓噪，来实现建构美好环境意义的象征确认，进而建立保护环境的公民社会。

在环境认同中建设社区环保志愿组织，就是针对社会发展的新趋势，在充分重视志愿者力量的前提下，为发挥社区环保志愿者的公益潜能，依靠社区环保志愿组织能够满足居民参与社区环保事务管理的诉求，将环境认同的范围限定在绿色社区地域内，将环境认同的社会行动者限定在环保志愿者群体中，通过社区民间组织的培育发展工作，在环境认同中整合环保志愿者资源，引导规范环保志愿者依法、理性、有序、有效地开展社会化环境保护活动。

社区环保志愿组织的组建或由社区居委会经街道办事处指导，或由社区某个特殊环保人士向居委会提出申请，在社区范围内单独或联合成立，采用准民间组织制度在登记管理机关备案，形成以社区环保志愿者为骨干，以绿色家庭和绿色社区创建为目标，环保志愿组织自主开展环保活动，社区居委会规范组织行为，街道办事处依法实施管理，基层环保部门加强业务指导的良好工作局面。

建设社区环保志愿组织网络是为了适应环境保护多部门合作、全民参与的社会化发展要求，使环保志愿者成为环境保护的助推力和生力军，便于合纵连横开展诸如减少温室气体排放这类国际化的主题活动，让国际了解中国民众为保护人类生存环境所作出的努力和贡献。网络以绿色家庭和绿色社区创建活动为纲，由街道办事处与所辖社区居委会建立组织网络，由居委会与辖区环保志愿组织建立工作网络，明确联络人，编制志愿者—环保志愿者—社区环保志愿者—社区环保志愿组织—社区环保志愿组织网络图，定期召开联席会议，通报绿色系列活动情况，印发绿色系列活动简报。这种结构化和组织化的基层社会链接，为社区长效性环境监督管理搭建了工作平台，通过绿色家庭和绿色社区创建活动，架起居民与政府之间、居民相互之间环境认同的桥梁，在多姿多彩的有型环保活动中扣紧公众环境意识的纽带，让环保志愿者有效地成为环境保护的积极参与者，成为环保事业的坚定支持者，成为推动环保事业的有效监督者，自发加入到低碳行列中来，共同应对人类面临的全球气候极端变化诱发的自然灾害。

例如，江苏省环境保护宣传教育中心为有效地组织“社区绿色出行碳减排”，2010 年 8 月应中国国际民间组织合作促进会商邀加入“绿色出行网络”，由负责指导江苏省绿色家庭和绿色社区创建活动及社区环保志愿组织建设的张丽同志开始筹建二级网络“绿色出行网络江苏链”，并且三级链接“苏南分链”、“苏中分链”、“苏北分链”，四级分别由“分链”链接省级绿色社区，形成严密的工作组织网络，逐步在全省绿色社区范围内开展系列绿色出行活动。

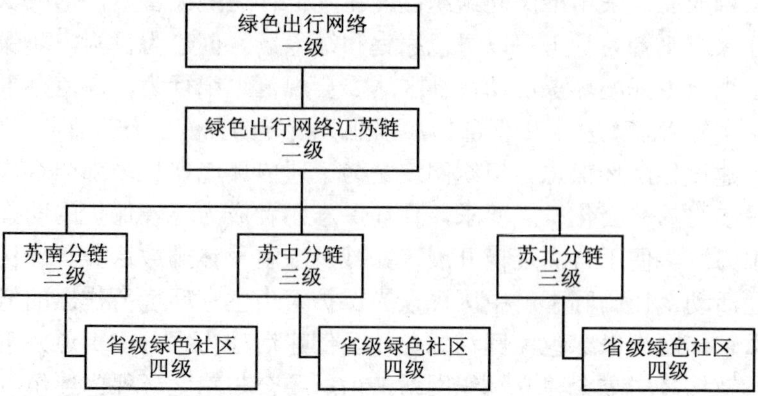

社区民间组织有广义和狭义的区分，广义的社区民间组织泛指在社区地域范围内开展活动的各种民间组织，狭义的社区民间组织则属于社区组织体系中的一类，即特指在社区建立的以满足社区居民需要为目标的、吸纳社区成员参与的民间组织。在环境认同中建设的社区环保志愿组织是狭义的社区民间组织，所建网络及成员单位（即社区环保志愿组织）是志愿类、意愿性组织，属利益维护型，自发性、群众性、区域性是其典型特征，突出的特点是社会性、公益性和非盈利性，活动原则、目标和方式，以及组织形式、人员组成和道德准绳都与环境保护密切相关；生成的途径可自下而上自发形成，也可自上而下号召产生，规模可大可小，也可分门别类：如红领巾小分队、巾帼小分队、夕阳红小分队，或花鸟组、书画组、科普组；作用在于充分利用贴近生活、贴近居民，具有民主性、社会性和鲜活性的优势，来表达和维护居民家庭的环境合法权益，并且在社区范围内实施环保监督。

例如，江苏省无锡市新区长江街道太湖花园第二社区在绿色社区创建活动中，把建立和完善各种创绿志愿者队伍作为一项重要基础工作来抓。一是建立百人夕阳红护楼护绿志愿者队伍。以居民小组长和退休党员为骨干，轮流巡逻值班，保证每天有 4 名志愿者对社区环境进行两遍巡查，做好检查记录及信息反馈，督促物业服务公司及时整改。二是建立环保家庭志愿者服务队伍。结合绿色社区创建总目标，邀请被授予全国“绿色家庭”称号的党总支委员孙华传授先进做法，提倡每户家庭每天学习环保知识 30 分钟，选择绿色生活方式，带头购买绿色食品和环保产品，身体力行节水节能，参与社区绿色创建工作，这个服务队伍被评为无锡市十佳环保家庭志愿者队伍。三是建立社区文艺宣传志愿者队伍。以“绿色、和睦、温馨”为主题，自编自演民乐合奏《绿色家园春来早》、说唱《绿色社区绿茵园》、男声独唱《绿色和睦情》、女声表演唱《绿色家园法捍卫》等节目，起到了寓教于乐的群众文化宣传教育效果。四是建立环保小卫士志愿者队伍。开展“小手拉大手，争当绿色小卫士”活动，组织中小学生利用假期进行巡回宣传，踊跃参与“消灭白色污染，共建美好家园”以及“变废为宝，家庭废旧物手工巧制作”活动。五是建立党员先锋志愿者队伍。为更好地发挥共产党员的先锋模范作用，党总支划分了三个支部绿化责任区，将每月 15 日党员组织生活日定为党员志愿者护绿日，各支部以党小组为单位组织党员对责任区进行巡视，由各党小组长负责填写一张护绿情况反馈表交给党总支，由党总支统一汇总到物业服务公司，以此突出党员爱绿护绿的表率作用。六是建立环境监督员志愿者队伍。社区党总支聘请了 40 名离退休党员担任环境卫生监督员，对照绿色社区创建计划方案，对社区党组织、居委会、业主委员会、物业服务公司的创建进度、工作情况进行监督，促使创建工作真正落到实处。

对在环境认同中建设起来的社区环保志愿组织的管理，可分为行政管理和业务指导两个方面。行政管理应着力建构合法组织机构，建立有效运行机制，完善管理体系和健全奖罚制度，根据《城市居民委员会组织法》的规定，社区居委会是法定居民自治组织，可视为“团体”。因此，网络下的成员单位可依据《社会团体登记管理条例》中的第三条：“机关、团体、企业事业单位内部经本单位批准成立、在本单位内部活动的团体……”的规定，在社区居委会登记并予以管理，这样就可以从“小政府、大社会”的战略高度，进一步在社区范围内有组织、有计划地推进公众参与环境保护。

例如，常州市钟楼区永红街道清潭第三社区成立的“小巷枫情苑”，就是一个正规的社区环保志愿组织。该组织既有区民政局的批复文件，也有社会团体法人登记证书，还有协会章程、环保志愿者名录、环保议事会记录和环保活动记录等规范性文件台账。

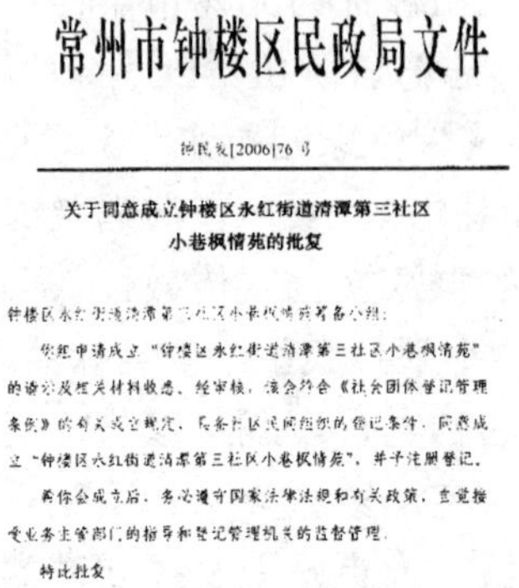

常州市钟楼区民政局文件

钟民发[2006]76号

关于同意成立钟楼区永红街道清潭第三社区小巷枫情苑的批复

钟楼区永红街道清潭第三社区小巷枫情苑筹备小组：

你组申请成立“钟楼区永红街道清潭第三社区小巷枫情苑”的请示及相关材料收悉，经审核，该会符合《社会团体登记管理条例》的有关成立规定，具备社区民间组织的登记条件，同意成立“钟楼区永红街道清潭第三社区小巷枫情苑”，并予注册登记。

希你会成立后，务必遵守国家法律法规和有关政策，自觉接受业务主管部门的指导和登记管理机关的监督管理。

特此批复

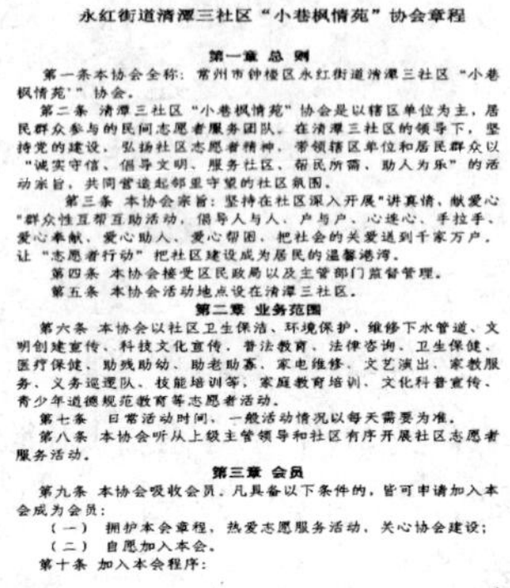

永红街道清潭三社区“小巷枫情苑”协会章程

第一章 总则

第一条本协会全称：常州市钟楼区永红街道清潭三社区“小巷枫情苑'”协会。

第二条 清潭三社区“小巷枫情苑”协会是以辖区单位为主，居民群众参与的民间志愿者服务团队。在清潭三社区的领导下，坚持党的建设，弘扬社区志愿者精神，带领辖区单位和居民群众以“诚实守信、倡导文明、服务社区、帮民所需、助人为乐”的活动宗旨，共同营造起邻里守望的社区氛围。

第三条 本协会宗旨：坚持在社区深入开展“讲真情，献爱心”群众性互帮互助活动，倡导人与人、户与户、心连心、手拉手、爱心奉献、爱心助人、爱心帮困，把社会的关爱送到千家万户，让“志愿者行动”把社区建设成为居民的温馨港湾。

第四条 本协会接受区民政局以及主管部门监督管理。

第五条 本协会活动地点设在清潭三社区。

第二章 业务范围

第六条 本协会以社区卫生保洁、环境保护，维修下水管道、文明创建宣传、科技文化宣传，普法教育，法律咨询，卫生保健，医疗保健，助残助幼，助老助寡，家电维修，文艺演出，家教服务、义务巡逻队，技能培训等，家庭教育培训，文化科普宣传，青少年道德规范教育等志愿者活动。

第七条 日常活动时间，一般活动情况以每天需要为准。

第八条 本协会听从上级主管领导和社区有序开展社区志愿者服务活动。

第三章 会员

第九条 本协会吸收会员，凡具备以下条件的，皆可申请加入本会成为会员：

（一） 拥护本会章程，热爱志愿服务活动，关心协会建设；

（二） 自愿加入本会。

第十条 加入本会程序：

社会团体法人

登记证书

（副本）

常钟 社证字第 082 号

发证机关：常州市钟楼区民政局

发证日期：2006年7月26日

（有效期限：自2006年7月26日至2010年7月26日）

代码：50963162

名称	钟楼区永红街道清潭第三社区小巷枫情苑
业务范围	社区卫生保洁、环境保护、医疗保健、义务巡逻、科普宣传等
住所	社区活动室
法定代表人	陶鼎
活动地域	钟楼区范围内
注册资金	壹仟元整
业务主管单位	钟楼区永红街道办事处

中华人民共和国民政部制

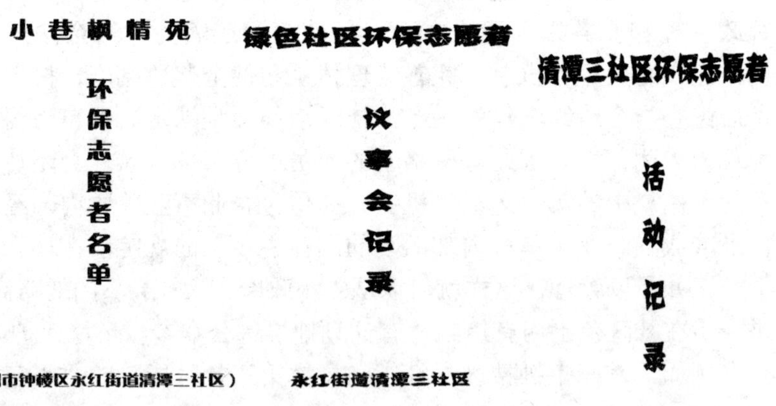

鉴于我国现行的民间组织管理体制，社区民间组织的业务主管单位和登记管理机关是区（县）民政部门，因此，可在区（县）政府的派出机构街道办事处成立社区环保志愿者协会，作为网络的第一层级，由办事处分管环保工作的领导及职能部门管理，网络下的成员单位作为网络的第二层级，成为环保协会的分支机构，在登记管理机关采用准民间组织的备案制度。也可以在社区志愿者协会或工作站中设立环保分会，这样能够简化登记手续，起到同样的政策管理效果。

环保志愿组织组成后，可承担绿色家庭和绿色社区创建活动中的部分组织工作和监督任务，向社区反映居民对环保的意见和建议，向居民传递创建的最新动态，起到上情下达、下情上传的纽带作用，并积极参与各级环保职能部门社会化的工作，经常性地组织开展环保活动，满足社区居民的环保需求。

例如，江苏省苏州张家港市杨舍镇城西街道在 2005 年由办事处牵头成立了环境保护协会，制定协会章程，在民政局登记，所辖 9 个社区都成立分会，办事处分管环保工作的副主任和 9 个居委会主任组成协会领导集体，接受街道党总支领导，每年立足社区，面向社会，将环保活动与社区文化建设相结合，针对所辖社区不同特点、工作重点，有目标地拟定社区分会的工作计划，如成立当年制定的年度目标是：协助街道办事处和社区居委会完成万红社区创建国家级绿色社区，长安和暨阳 2 个社区创建省级绿色社区，庆丰、云盘、邵巷和西门 4 个社区创建市级绿色社区，已被命名为省级绿色社区的龙潭、阳光社区，则开展普及环保知识，增强环保意识，改善生存环境的宣传活动，通过共同努力万红社区于当年被原国家环境保护总局评为全国绿色社区创建活动先进社区。

建设社区环保志愿组织网络是深化绿色家庭和绿色社区创建活动的重要内容，其构成可以在基层社会结构中，形成居民中有社区环保志愿者、家庭中有绿色家庭、社区中有绿色社区、街道中有绿色街道、活动中有环保志愿组织这样一条基层绿色生态建设工作链，为提高全民低碳意识堆积肥沃的土地；也在某种程度上避免绿色创建活动成为基层政府或职能部门的目标摆设，而走过场，拿牌子，没长效，在居民中产生不良影响，扭曲了绿色家庭和绿色社区创建活动关注民生的基本要旨，更难发挥居民从切身利益出发关爱生存环境的作用。

五、社区环保志愿组织建设偏向

（1）将游离于街道和社区管理之外的民间组织等同于社区环保志愿组织。目前，我国登记注册的各类民间组织约 31.97 万个，并且仍在以每年 10%左右的速度递增。根据中华环保联合会 2008 年发布的《中国环保民间组织发展状况报告》，中国环保民间组织已经超过 3 500 个，这些民间组织大多数的主体部分活动于基层社会，面对就业难题越来越多的年轻人，包括一些大学毕业生，将投身民间组织作为就业和发展的现实选择，这给优化民间组织的内部结构，提高民间组织的外部运行能力增加了新鲜血液。形成于社区内部的环保志愿组织正是在这片沃土中生根发芽成长起来的，她是社区群众自发成立、自娱自乐、自我服务、自我管理的民间组织，包括利益维护型、情趣文体型和公益服务型等，这些组织是回应社区需求产生的，直接形成于且成长于社区，主要在社区内部活动，获得的支持也主要来自社区内部。而游离于管理之外的民间组织多数是形成于社区外部的民间组织，这些组织的生存不依赖于特定社区，而是面向社会吸纳资源，在实际运作中，许多组织因为种种原因很难找到业务主管单位，只能选择工商登记甚至不登记，这样既不利于社区居委会规范管理，也不利于环保部门正确引导，更不可能有序开展环保公益活动，甚至频频出现名为公益实为盈利的市场化运作组织。

（2）将社区环保志愿者等同于社区环保志愿组织。社区环保志愿者是散居于家庭的居民个体，而社区环保志愿组织是民间组织集体，既有组织管理机构和业务指导部门，还有组织负责人、办公场所、经费来源等，通常由 3～5 名社区环保志愿者骨干，领导一群社区环保志愿者开展工作。在现实社区环保工作中，常常会看到居委会有很翔实的社区环保志愿者名录，其中包括姓名、性别、年龄、家庭住址、专业特点、联系电话等，但是没有社区环保志愿组织名称、负责人、办公地点和有关章程等机构要件。

（3）将社区环保活动等同于社区环保志愿组织网络。社区环保活动是社区环保志愿组织动员社区环保志愿者积极参与环境保护的运动形式，社区环保志愿组织网络则是为广泛开展社会化环保活动构建的组织化流程，通常由环保志愿者—关系密切群体召集人—召集人骨干—环保志愿组织负责人—社区居委会—街道办事处这样一个树状网络构成。同样，在现实社区环保工作中，也常常会看到居委会记录了许多不同时期、不同内容、不同场所、不同效果、丰富多彩的环保活动，但是没有社区环保志愿组织网络层级、联络人、协调方式和会商途径，等等。

第二章　绿色社区创建活动

第一节　绿色社区创建活动

一、社区与环保

城市作为人类生活的主要空间载体，随着经济社会不停顿地发展，城市人口会有更大的增长。据《中国环境报》数据显示：中国人口中的 46%都是城市人口，到 2030 年中国的城市化率会达到 68%，将有超过 10 亿人口生活在城市。正是因为这样的人口分布状态，城市居民大概排放了 60%～80%的温室气体，成为气候极端变化的重要诱因。因此，城市的生态足迹对低碳减排、可持续发展至关重要，用绿色消费理念引导生活、生产、发展方式的低碳转变，既是城市的责任，也是公众参与低碳发展的核心内容。

在城市化进程中，社区作为城市的基层社会结构，其地位和作用日显重要，其数量虽然在区划调整过程中不断地改变，但总体上是随着大量的村委会改成居委会在陆续增多。因此，社区以其人居集中的特点成为实现公众参与环境保护的有效平台，而作为社区环保工作集中体现的绿色社区创建活动，便会成为精神文明建设、物质文明建设和生态文明建设在基层社会和谐统一的一个切入点。

社区环境包括地理环境、资源环境和人工环境三部分。社区环境建设主要是协调自然环境与人工环境、地域环境与社区其他构成要素之间的关系，尤其应注重人工环境的建设。建设人工环境应当以自然环境为前提，并对其进行合理的利用和改造，使社区的自然环境与人工环境从美学和科学的角度融为一体，进而促进社区环境的健康发展。在社区环境中，因交通和工贸相对集中，人口、建筑物及各种生活设施密集，能源、资源与日用品持续消耗，会产生大量的废水、废气、废渣。因此，社区环保就是要合理布局和协调社区中的工业、商业、交通、住宅等功能区，综合治理水体污染、大气污染、噪声污染、固体废弃物。

社区环保是一种人类活动，它将分散在个人所履行的环保责任融为一个整体，使个人的环保责任成为容易实现和可以操作的事业。就其泛意而言，是采取法律的、行政的、经济的、科技的和宣传教育的多方面措施，合理地利用自然资源，防止环境污染和破坏，以求保持和发展生态平衡，扩大自然资源的再生产，保障人类社会的发展。其重要内容可以概括为 3 个方面：一是保护和改善生活环境和生态环境，包括保护城乡环境，保持乡土景观，减少或消除有害物质进入环境，改善环境质量，维护环境的调节净化能力，确保物种多样性和基因库的持续发展，保持生态系统的良性循环；二是防止环境污染和其他公害，即防治在生产建设或者其他活动中产生的废气、废水、废渣、粉尘、恶臭气体、放射性物质，以及噪声、振动、电磁辐射等对环境的污染和危害；三是宣传普及环保知识，提高公众的环境意识，建设与时代相适应的环境道德规范；四是保障居民的环境权利、责任和义务，即关心环境质量，监督环境执法，参与环保政策建议，选择绿色生活方式。

社区环保的重点是对工业、交通、生活以及农业等人工污染源进行防治和管理，具体是要对噪声包括工业噪声、交通噪声、生活噪声和建筑施工噪声等，废渣及固体废弃物，废气及粉尘，废水污水实施有效管理。在应对全球气候极端变化的当今时代，社区环保的重点应在污染防治的基础上向低碳减排深化，把绿色建筑、绿色物业、绿色社区的建设与社区环境管理相结合，努力改善和提高社区的环境质量。

社区环保在现行体制下就实际工作而言，不是社区居委会所能单独全责承担完成的，在相当程度上是区政府延伸到街道办事处的一项工作内容，一些大型的环保硬件设施规划、建设和改造还涉及市政府的职能部门。因此，社区环保要相应地区分区政府、街道办事处与社区居委会的层级作为，大体可区分为：无论在新老社区里，新、改、扩建项目中防治污染和保护环境的设施，必须与主体工程同时设计、同时施工、同时投产，应由区政府负责，环保部门执行；社区中的“三产”项目的管理、两社区接合部的管理、小型环保设施建设等由街道办事处负责；社区中建设环保志愿组织、开展环境文化活动、引导居民选择绿色生活方式、提高居民的环境意识等宣传教育工作由居委会负责。

二、早期绿色社区活动

在 20 世纪 70 年代末至 80 年代初，逐渐在西方形成的生态自治主义（Ecocommunalism）和生态马克思主义（Eco-Marxism），从不同的角度，提出走向绿色社会之路就是创建生态社区或称绿色社区。通常意义上的绿色社区是将公民环保与公民社会相结合，将环境管理纳入社区管理，使居民通过环保参与实现自我教育和自我管理，它应当成为现代社会的一种时尚和价值体系。针对当代社会环保的发展趋势逐渐朝着社区和家庭的层面深入，各国纷纷寻求建立社区的可持续发展模式，那么绿色社区创建活动自然是推动公众参与社区环境保护的一种新模式。

绿色社区创建活动既可以保护居民的环境权益，也可以引导居民履行环保责任，提高居民的环境意识和文明素养，树立环境技术超前、环境管理优秀、环境文化独特、环境状况良好的社区典范，推进城乡社区的环境保护工作，创造人与自然相和谐的优美生活环境。绿色社区创建活动包括硬件和软件两个方面，硬件建设给社区居民创造良好的外部生活环境，软件培养推动居民选择绿色生活方式，两者的目的是通过内因与外因相结合推动人人动手、人人参与关爱生存环境。

北京地球村环境文化中心是活跃在国内外的民间环保组织，它的创办者廖晓义女士是一个有着西方教育背景的著名社会环保活动家。早在 20 世纪 90 年代，她便开始探索适合社区结构特点的环保发展新途径，1996 年基于对绿色生活方式的思考，提出了“让环保走进生活”、“让环保走进社区”的理念，在帮助北京大乘巷社区居委会开始垃圾分类的过程中，逐步认识到实施绿色生活必须有基层载体，它就是社区。因为，一个人无论什么职业、什么职务都是一个社区的居民，只有当绿色生活成为一种社区文化，才有可能深入到大众的生活中去，从而衍化成社会的时尚。

1999 年 4 月，廖晓义女士领导的地球村与北京市宣武区政府有关部门合作，共同建立了第一个绿色社区试点——建功南里绿色社区，开展 ISO 14000 环境管理体系认证，发展社区环境自我管理和自我教育，被全国人大环境与资源保护委员会主任委员曲格平高度评价为：“中国环保事业中的新事物，值得在北京乃至全国推广，是真正意义上的绿色社区”。2000 年 8 月，地球村以北京申办 2008 年奥运会提出的“绿色奥运、人文奥运、科技奥运”理念为契机，向刘淇市长提交了绿色社区推广建议，得到了市政府和奥申委的重视并采纳，绿色社区便成为绿色奥运会行动计划的一个重要组成部分。同年 9 月，北京市政府在建功南里小区召开了有 18 个区县近百位主管领导参加的绿色社区现场会，随后在召开实施绿色奥运行动计划的工作会议上，明确提出绿色社区创建的三个步骤：2000 年 9 月到 2001 年春节前为试点阶段，2001 年春节后到 2001 年 7 月 15 日为扩展阶段，2001 年 8 月到 2008 年为全面推广阶段。

之后，地球村又配合北京市精神文明办，进一步促成政府将绿色社区创建纳入政府的工作议程，使绿色社区成为基层环保示范工程的一个重要组成部分。首都精神文明办要求各有关单位要建立起由政府、环保民间组织、企业和公民组成的联席会议制度，从宣传教育入手，从垃圾分类、节水节电、绿化和倡导绿色消费等方面做起，共同创建绿色社区。至此，有政府、企业和公众共同参与的早期绿色社区活动便拉开了帷幕，推动垃圾分类投放，节水龙头、节能灯和无氟电器等进入家庭；保持环境整洁、无噪声污染，绿地面积达到一定标准……成为北京申办2008年奥运会的重要组成部分。

三、全国绿色社区创建活动

社区是城市的基础，是公众生活的家园。2001年5月31日，中共中央宣传部、原国家环境保护总局和教育部联合印发的《2001—2005年全国环境宣传教育工作纲要》，明确了全国绿色社区创建活动的首期目标任务是，在47个环境保护重点城市逐步开展绿色社区创建活动，提出努力将保护环境、合理利用与节约资源的意识和行动，渗透到公众日常生活之中，倡导符合绿色文明的生活习惯、消费观念和环境价值观，培养公众良好的环境伦理道德规范，促进社会良好的环境风尚形成，要求各级宣传部门把绿色社区创建活动，逐步纳入文明社区和精神文明建设的总体目标之中。该纲要是各省市有组织地开展绿色社区创建活动的全国性政策依据。随后，福建、浙江、广东等省市率先结合本地环保工作实际，组织开展省市级绿色社区考核命名工作，开启了全国绿色社区创建活动制订评估标准、组织材料申报、进行现场考核、通过公示命名等系列表彰工作的序幕。

2004年“六·五”世界环境日，原国家环境保护总局在许多城市已经广泛开展绿色社区创建活动的基础上，为加强对全国环保系统组织绿色社区创建活动的指导，成立了全国绿色社区创建活动指导委员会，在北京市西城区设立主会场，在辽宁省沈阳市、福建省福州市、贵州省贵阳市、山东省青岛市、新疆维吾尔自治区库尔勒市分别设立5个分会场，举办了全国绿色社区创建活动启动仪式，决定从2005年起，国家每两年对开展创建活动成效显著的绿色社区和表现突出的单位和个人进行表彰，从此推进了全国绿色社区创建活动生机勃勃地全面开展起来。会后，由原国家环境保护总局宣传教育中心①制定了绿色社区创建活动的评估体系和管理办法。

全国绿色社区创建模式引入了ISO 14000环境管理体系系列标

① 2008年10月更名为环境保护部宣传教育中心。

准，依据的基本理念是可持续改进。创建过程包括：成立绿色社区创建组织机构，制订绿色社区创建工作计划，实施绿色社区创建，自我检查与改进，评估等几个工作步骤。主要标志是：有健全的环境管理和监督体系，有完备的垃圾分类回收系统，有节水、节能和生活污水资源化举措，有一定的环境文化氛围，环境清洁优美。同时针对全国社区现状差异巨大的现实，提出了分类指导的创建工作方向：一是对基础条件较差、环保设施欠账多的老社区，要通过调查彻底摸清污染情况，针对污染通过创建解决历史遗留问题，帮助成立环境管理组织和志愿者队伍，投入一定经费美化环境，加强宣传，营造氛围，严格管理，规范行为；二是对基础条件较好的新社区要着力于打造环境品牌，社区居委会和物业服务部门联手开展特色创建，推崇绿色消费、重视资源节约，强化环境保护的责任感，倡导环境与文化相融合。

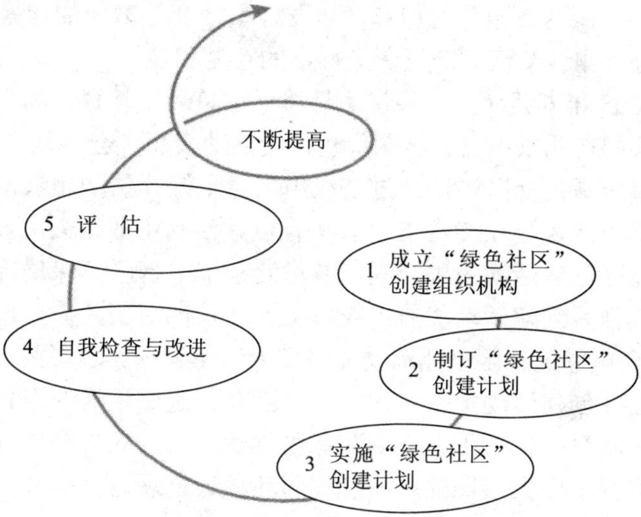

2005 年，联合国环境规划署确定的世界环境日主题是“营造绿色城市，呵护地球家园”（Green Cities—plan for the Planet!），原国家环境保护总局相应确定的中国主题是“人人参与，创建绿色家园”，这两个相关联的主题都表达了号召全社会行动起来，积极投

身绿色社区创建等环保实践活动，建设人与自然和谐相处的绿色家园。随着中国城市化步伐的加快，城市环境问题日益突出，城市居民的生活和身心健康受到不同程度的影响，虽然保护城市环境主要责任在政府，但是广大市民也有义务爱护身边的环境。社区是城市的基本组成单元，开展绿色社区创建活动就是要激活社区的内在力量，推动居民开展环境自治，改变传统生活方式，实施可持续消费，努力改善城市环境质量。为使环境日主题由宣传变为行动，推动全国绿色社区创建活动有实质性的新进展，原国家环境保护总局定于当年“六·五”世界环境日在北京设立主会场，与全国 100 个参与城市同步开展“‘倡导绿色文明、共建绿色社区’系列宣传——百名市长进绿色社区”活动，要求各省、自治区、直辖市环境保护局（厅）组织辖区内城市环保局，邀请市长或主管环保的市领导到有代表性的绿色社区，就绿色社区创建、城市环境建设、公众参与环境保护、建设资源节约型和环境友好型社会等方面的问题，与社区居民进行座谈交流，广泛听取群众的意见和建议。

2005 年 6 月 4 日，原国家环境保护总局、教育部和全国妇女联合会共同在北京市召开全国绿色创建活动表彰大会，从 2 300 多个省、市级绿色社区中，经过省级申报、全国评估，北京市和平里街道小黄庄社区等 112 个社区，因在创建活动中成绩突出被评为全国绿色社区创建活动先进社区，并对北京市丰台区环保局等 39 个全国绿色社区创建活动优秀组织单位、北京市西城区委宣传部李文等 61 名全国绿色社区创建活动先进个人给予表彰。表彰大会指出，在绿色社区创建活动中，各地以贴近群众、走进生活的形式，开展环境宣传教育，倡导生态文明和绿色生活方式，大力解决社区环境问题，增强了广大市民的环境意识和环境道德观念，提高了社区居民保护环境的自觉性和积极性，改善了社区环境，并带动了社区环境规划与建设，为城市环境保护与经济社会的可持续发展作出了贡献。

2005 年 11 月 2—4 日，由原国家环境保护总局宣传教育中心主办、江苏省环境保护宣传教育中心及苏州市环境保护局协办的全国绿色社区创建活动经验交流会在江苏省苏州市举行，来自全国 30

余个省、自治区、直辖市环保部门、社区及相关单位的代表150余人参加了会议。会议重点围绕“十五”期间全国绿色社区创建活动进展情况及“十一五”期间绿色社区创建工作规划，由民政部和全国绿色社区创建指导委员会办公室，分别就“全国社区建设基本走向”、“全国绿色社区创建指南和评估指标体系”及“申报全国绿色社区材料规范要求”等作了专题介绍，各地代表也就本地绿色社区创建活动开展情况进行了经验交流。此外，大会还组织参会代表赴张家港、昆山和常熟三个县级市，对当地绿色社区和生态建设进行实地考察，为制订2006年全国环境保护宣教工作计划及“十一五”绿色社区创建活动规划提供了具体参考内容。

2007年6月5日前夕，原国家环境保护总局在组织专家进行细致评选、现地抽查的基础上，结合“六·五”世界环境日主题宣传活动，与教育部和全国妇女联合会在北京人民大会堂组织召开了纪念“六·五”世界环境日暨2007年全国绿色创建活动表彰大会，对北京市东城区东直门街道清水苑社区等124个全国绿色社区创建活动先进社区、北京市密云县环境保护局等40个全国绿色社区创建活动优秀组织单位、北京市西城区环境保护局郑伟英等167名全国绿色社区创建活动先进个人进行了表彰。大会系统地总结了全国绿色社区创建活动开展以来所取得的成绩，进一步树立了一批创建工作先进典型，有力地调动了广大社区、家庭和居民参与建设资源节约型、环境友好型社会的积极性，促进了绿色社区创建活动与构建社会主义和谐社会、推进环保工作历史性转变的有机结合，使绿色社区创建活动更加深入人心，更加具有全社会的影响力。在一定程度上成为省市县环境保护宣传教育部门重要的实体工作，把季节性、应景式环保宣传活动，深化为可量化考核的环境保护宣传教育工作。

四、江苏省绿色社区创建活动

江苏省绿色社区创建活动起步于2002年。当年10月，为加强全省2 000多个社区的环境保护工作，不断改善人居环境质量，省环境保护厅号召省、市、县三级环保系统组织万人进社区，由省环保厅污控处牵头，详细摸底，掌握了全省社区的规模、污染现状、居民的环境需求，对反映强烈的噪声、油烟、废水等环保热点难点问题，积极寻求解决办法，努力为居民创造良好的生活环境。同时，省环境保护宣传教育中心在 13 个省辖市选定了 14 个社区进行试点，开展“一十百千”社区环保宣教工程，即在每个社区建一面环保宣传橱窗（栏）、竖十块环保宣传标语牌、送百本环保图书、发千份环保宣传卡片，目的在于普及环保知识，介绍环保职能，增强居民的环境法律意识，引导居民用先进的环保理念改变生活方式，营造公众参与环境保护的良好氛围；省环保艺术团还深入社区广场组织环保专场演出，用生动活泼的歌舞表演演绎环保专业概念。

经过一年的发动，江苏省绿色社区创建活动进入到实质性的申报、考评、验收、命名阶段。2003 年 10 月，由省环保厅污控处拟订、江苏省环境保护委员会印发了《江苏省绿色社区考核指标（试行)》。2004 年 10 月，江苏省环境保护厅转发了原国家环境保护总局《关于进一步开展“绿色社区”创建活动的通知》，成立了江苏省绿色社区创建指导委员会。2005 年 1 月 12 日，江苏省环境保护委员会在全国第一个环境保护模范城市张家港市召开命名表彰现场会，南京市鼓楼区江东街道聚福园社区等 53 个社区成为江苏省首批（2004 年度）绿色社区。至此，江苏省绿色社区创建活动完成了发动和组织工作，为全面展开奠定了坚实的基础。

通过几年的努力，江苏省产生了一批国家、省、市表彰的绿色社区（少数区、县命名了本级绿色社区），截止到 2009 年度，在全省 4 300 多个社区中，有 676 个被命名为江苏省绿色社区，约占社区总数的 16%；表彰创建先进单位 83 个、创建先进个人 85 名。其中受到全国表彰的绿色社区 21 个，占全国表彰总数的 11%；创建先进单位 4 个，创建先进个人 22 名，特别是苏州、南京、无锡三个市的创建工作尤为突出，三市的环境保护局先后被原国家环境保护总局评为全国绿色社区创建活动优秀组织单位。其后，常州、镇江和南通三个城市的绿色社区创建活动也呈现出良好的发展势头，形成了苏南打牢硬件、苏中提升软件、苏北因地制宜的三种不同样式的创建模式，构建了江苏省绿色社区创建活动的独特格局。

自 2006 年起，在绿色社区创建活动开展的同时，江苏省还表彰了 31 个创建工作突出的街道办事处和镇人民政府，使绿色社区创建活动向深度和广度推进，使环保工作由居民到家庭到社区到街道，形成了环保志愿者—绿色家庭—绿色社区—绿色街道发散与链接相结合的社会氛围，切实让环境保护向家喻户晓、深入人心的方向发展。

江苏省绿色社区创建活动的具体做法：

1. 发动阶段注重思路的理论性

2002 年，江苏省绿色社区创建活动是由环保进社区推动的新课题，从认识到实践都有一个摸索过程，着重是在工作中理清“进”与“创建”这两个重要的概念。通过理论研讨及具体实践，逐步认识到“进”是“创建”的基础，“创建”是“进”的指挥棒，“进”要突出环保宣教活动，“创建”要突出环境指标考核，相互呼应，纲举目张。“进”的目标是由省环境保护宣传教育中心设计全省性的环保宣教活动，各市县联动，使“进”形成规模；各市县也自主结合本地实际，在一定范围内组织环保宣教活动，使“进”深入基层，提高“进”的比例。“创建”的目标根据国家、省、市有关考核标准，结合实际情况，确定年度工作目标，解决“进”中发现的环保问题，逐级创建、考核、验收、命名。例如，“进”在南京市将环境宣传教育列入绿色社区创建规划，用形式多样的宣传方式走进社区、走进家庭，“创建”在南京市由文明办、建委、经委、环保局、园林局、市容局和建工局 8 个部门联合制定《关于创建绿色人居环境社区活动的通知》和《创建绿色人居环境社区指标考核实施细则》，使创建工作有了切实可行的行动准则。

2. 推进阶段注重标准的操作性

2005 年，江苏省绿色社区创建活动进入到推进阶段。省环境保护委员会及时印发了《江苏省绿色社区考核指标分解表》，标准注重操作性，从硬件与软件两个方面指导全省绿色社区创建活动。硬件的考核指标强调社区的环保基础设施建设，如区内无 4 吨以下燃煤锅炉、无小五金加工场所、生活污水全部接入城市污水收集管网等，目的是通过创建改善社区环境面貌，让居民在创建中享受环保成果；软件的考核指标强调提高居民的环境意识，如成立以区内居民为主体的环保志愿组织、设立环保书籍借阅点、重要环保纪念日社区组织开展多种形式的环境文化公益活动等，使居民在创建中养成自觉的环保行为。同时要求创建工作突出层级重点，区（县）级、市级绿色社区创建活动侧重抓好硬件建设，扎实解决社区存在的环境问题；省级绿色社区考核验收着重于软件建设，促进社区居民提高环境意识；推荐全国表彰的绿色社区选择创建特色突出的社区，以起到典型示范带动作用。

3．提高阶段注重创建的科学性

2006年，江苏省绿色社区创建活动进入到提高阶段。省环境保护委员会根据国务院《关于落实科学发展观加强环境保护的决定》精神，结合全国绿色社区创建指南，在认真系统地总结几年来创建工作的基础上，为使全省绿色社区创建活动与时俱进，成为建设资源节约型、环境友好型社会的重要组成部分，成为“十一五”期间可持续发展的重要内容，成为生态省建设的细胞工程，将试行的江苏省绿色社区考核指标进行了修订，要求地方政府逐步将创建工作列入环保工作年度考核目标，制定落实保障资金和激励措施的有关政策，加强区、县、市环境保护局的技术指导，使创建工作形成环境技术、环境管理、环境文化相交融的工作逻辑线，在环境技术方面指导社区在节能（如使用太阳能）、节水（如家庭水循环利用）、资源回收（如收购废旧物品）等方面开展工作，在环境管理方面指导社区在监管污染源（如餐饮油烟、废水）、维护区内环境（如养护绿化）等方面开展工作，在环境文化方面指导社区在继续坚持重点时节的环保宣传同时，加强普及性环境教育，特别要结合社区的自治性建设环保志愿组织。

4．深化阶段注重活动的专题性

2007年，江苏省绿色社区创建活动进入到专题深化阶段。经过硬件打牢基础，软件提升品位，开始有针对性地开展专题推进活动：

为在各级绿色社区里建立固定的环保宣教阵地，组织全省绿色社区环保宣传栏评选；为从企业发展与社区服务相得益彰的角度出发，推动绿色物业与绿色社区共赢社区环境管理；为摸索解决社区环境污染纠纷的新途径，先后在南京、镇江、常州、苏州、扬州、南通等多个城市开展社区环境圆桌对话试点，尤其是在镇江市京口区大市口街道华润新村社区和苏州昆山市周市镇新镇街道金威社区通过环境圆桌对话，有效地解决了长时间扰民的污染纠纷，受到社会的广泛关注；为加强全省绿色社区环保志愿组织建设，在 13 个省辖市各选一个社区开展培训、评比、观摩系列推进活动；为了解居民和家庭日常生活中的碳排放基数，在南京市开展社区千家碳排放调查及公众环境教育；为引导已受国家表彰的绿色社区进一步为全社会低碳发展作出新的贡献，在苏州市开展社区碳汇林调查及居民碳中和教育；为指导居民家庭积极践行绿色出行、低碳减排，在申报 2010 年度江苏省绿色社区中开展社区绿色出行碳减排系列活动。建立在一定的理论基础之上的专题推进，目标明确，方法科学，操作简便，易于推广，使绿色社区创建活动在注重过程、注重效果、注重影响的深化进程中，树立起社区环境保护工作的品牌，为克服创建中出现的麻痹思想、放松情绪注入了兴奋剂，也为将节能减排、低碳经济落实到每个单位、每个家庭起到了前导作用。

5. 创建活动中存在的突出问题

（1）发展不平衡。绿色社区创建活动与地域经济发展密切相关，初期发动和深入开展都依赖于当地的综合实力。如果某一地区的中心工作真正进入科学发展轨道，创建活动便会列入可持续发展计划自觉开展，反之则不然，因此出现发展不平衡的状态。例如南京市江宁区东山街道、苏州张家港市杨舍镇城西街道等基层政府每年都由本级财政分档奖励被命名的各级绿色社区，所属社区全部建成市级以上绿色社区，而苏北少数城市基本没有组织开展绿色社区创建活动。

（2）创建不深入。绿色社区创建活动开展以来，已经成为环保模范城、生态示范县考核的细胞工程，不少基层环保部门在制订年度工作目标时下达创建计划，这对绿色社区创建活动的开展有积极的一面；但另一面是社区居委会人力物力有限，承担的政府职能部门工作繁杂，造成创建不深入，指标不落实，居民不知晓，使民心工程进入了少数基层环保部门拿牌子的怪圈。例如 2007 年苏南某县级市，为达到生态市考核指标，在省级绿色社区验收时，6 个申报社区的汇报材料都是由环保局统一编写，除了社区的自然概况不同，其他内容完全一致，根本没有收到绿色创建活动的实际效果。

（3）典型性不够。绿色社区创建活动应分层级实施，螺旋式上升，上一层级为下一层级典型，这样才能将社区环保工作落到实处，才有说服力，才会产生社会与环境综合效应。但现实情况是，由于环保部门指导负责人专业性不强，找不准社区工作与环保工作的结合点，不能有效地制定本级考核指标，标准只能以上套下，加之创建工作不深入，势必造成绿色社区对其他社区、省级绿色社区对市级绿色社区典型性不够，在居民眼中省级与市级没有什么区别，达不到绿色社区创建活动由初级向高级不断改进发展，在社区这个环境保护基点上带动社会环境综合整治的期望值。

五、苏州市绿色社区创建活动

苏州市辖 5 个县级市、7 个区（管委会）、803 个社区居委会。他们依据原国家环境保护总局《关于进一步开展“绿色社区”创建活动的通知》和江苏省环境保护委员会《关于在全省开展创建绿色社区活动的通知》，在形成“三个合力”，确保“三个到位”，力求“三个突破”上抓落实、见成效，使绿色社区创建活动呈现出整体推进、全面拓展的可喜局面，到 2009 年共建成市级以上绿色社区 573 个，占全市社区总数的 71.4%；其中江苏省绿色社区 256 个，占全省命名总数的 26%；全国绿色社区创建活动先进社区 8 个，占全省受国家表彰总数的 38%。

1. 加强组织领导，增强工作合力

为了充分调动各方面的积极性，动员全社会关心、参与绿色社区创建活动，在加强组织领导上下工夫，形成“三个合力”，较好

地体现了各部门在绿色社区创建活动中协同共进的能力。

（1）思想上达成共识，在领导上形成合力。成立了以分管副市长为组长、13 个政府职能部门分管领导为成员的绿色社区创建工作领导小组，认真学习领会国家及省关于绿色社区创建活动的文件精神，从贯彻“三个代表”重要思想的政治高度，从巩固党的执政基础，促进可持续发展的大局出发，充分认识到绿色社区创建活动是构筑基层社会生态文明体系的载体，把绿色社区创建活动作为民心工程纳入重要工作日程，最终目的和归宿是推动社会进步，建设小康家园。

（2）部门之间横向联动，在工作上形成合力。为了使绿色社区创建活动的各项工作任务落到实处，市环境保护局主动向其他部门通报进展情况，争取有关单位的积极支持，将《苏州市绿色社区考核指标及其实施细则》从 8 个方面将 31 项指标进行分解，量化到相关部门，实行分类指导，加强目标管理，强化监督检查，切实做到各司其职、各负其责。

（3）街道（镇）与社区互动，在全面推进上形成合力。在绿色社区创建过程中，结合绿色街道和绿色乡镇的探索工作，有针对性地进行指导，以社区“创绿”带动街道（镇）“创绿”，如张家港市杨舍镇城西街道办事处在绿色社区创建活动中统一规划，整体布局，分类实施，使所辖的 9 个社区，分别建成全国绿色社区创建活动先进社区 1 个、江苏省绿色社区 2 个、苏州市绿色社区 6 个，在街道辖区内较好地实现了基础设施配套、环境整洁优美、环保活动经常、居民环境行为良好的环保工作目标。

2. 强化各类保障，提升工作效能

结合苏州市实际，始终把群众是否满意作为绿色社区创建活动的根本目的，确保“三个到位”，不断完善有利于推进绿色社区创建活动的工作机制。

（1）搞好调研，政策保障到位。按照“政府领导、街道负责、部门配合、公众参与”的工作思路，为切实解决餐饮油烟污染，市环境保护局会同卫生、工商等相关部门，多次组织试点社区及有关单位反复调查研究和分析论证，联合印发了《苏州市餐饮业环境污染防治管理办法》，从源头上进行有效的污染控制。

（2）加大投入，激励机制到位。绿色社区创建活动开展初期，市政府投入环境综合整治启动资金数百万元，全面推开后市政府进一步加大资金投入，不断完善社区的软硬件建设，各区、县也分别投入了数十万元到数百万元不等的专项经费，对被表彰的绿色社区，各区、县政府原则上按照县级 1 万元、市级 2 万元、省级 3 万元予以奖励，充分调动了社区环保工作的积极性。

（3）注重培训，骨干队伍到位。绿色社区创建活动开展初期，大多数的社区居委会和物业服务公司存在一些模糊认识，没有工作经验。为了让有关单位和社区管理者充分理解绿色社区创建活动的要求和标准，有效地开展工作，市环境保护局组织不同形式、不同规模的参观交流和培训学习，培养了一批认识到位、业务熟悉的工作骨干，分布在全市社区，保证了创建工作落到实处，走向深入。

3．加强分类指导，推动工作创新

为了不断提升绿色社区创建活动水平，市环境保护局加强分类指导，树立典型，积极创新，在稳步推进、多出成效的基础上，力求“三个突破”。

（1）强化阵地建设，在宣传引导上求突破。绿色社区创建活动不仅要环境绿色，更要居民的意识绿色、行为绿色，为了培养社区居民的生态理念，要求申报社区必须设立环保宣传橱窗，重点宣传“创绿”的重要意义、典型经验，普及环保知识，使“社区是我家，环境靠大家”和“创建绿色社区，建设美好家园”的社区环境建设目标深入人心；要求社区网站开设绿色社区创建 BBS，让居民对社区的环境问题展开讨论，搭建居民参与环境保护平台，使社区管理者与居民良好互动，切实解决社区存在的环境问题，不断提升创绿质量；将环保知识和环保行为拍成数字影像，在市民广场和社区会所巡回播放，倡导居民养成良好的环境道德规范和绿色消费习惯，加快生态文明建设。

（2）结合实际，在创建形式上求突破。各区、县结合区域特点，对照考核标准，充分发挥主观能动性，积极推进绿色社区创建活动健康有序发展。如苏州高新区结合社区内外资企业多的特点，联合企业同创共建，解决了创建经费投入问题；苏州工业园区的社区基本为纯住宅区，社区居委会、物业服务公司、业主委员会三方资源协调整合，通过绿色社区创建活动有效地促进了社区的各项建设；古城区则发挥辖区内高等院校的教育资源，在市环境保护局的引导下，开展了“百名学子进社区”环保宣传活动，有效地提升了居民的环境保护意识。

（3）积极思考，在长效管理上求突破。把建成各级绿色社区列入到各区、县政府环境保护目标责任状之中，为绿色社区创建活动的开展提供了强有力的政策保障。同时，把社区环境圆桌对话、环保志愿组织建设、物业服务公司共建绿色社区作为重要抓手，不断健全环保公众参与机制，公开各类环境信息，切实维护居民对环境的知情、监督、参与权利。

六、绿色社区创建活动中的低碳要素

自“十五”环保宣教工作纲要中提出在 47 个环境保护重点城市逐步开展绿色社区创建活动以来，绿色社区创建活动发展规模逐步扩大，被称为环境保护的“细胞工程”，各省市进行了积极的探索和实践，开展了丰富多彩的环境保护宣传教育活动，参与人数多，社会层面广，影响力度大，成为实现可持续发展的有效载体和有力抓手，成为公众了解环境问题、参与环境保护的重要平台，为家庭和社区在绿色创建活动中迎接低碳时代，引领了方向，注入了活力。

早在 2004 年试行的全国绿色社区创建指南中，就从节约资源和能源角度融入了低碳要素。在节电方面要求居民和单位尽量采用日光照明，尽可能安装和使用节能电器，倡导使用绿色能源，如太阳能、风能、地热能、废热资源等。在节水方面要求居民和单位尽可能安装和使用节水器具，提倡一水多用和循环利用，尽量少产生污水，逐步实行雨污水分流，生活污水排入市政污水处理厂或自行处理后达标排放，社区指定专门的节水管理员，杜绝因管理不善导致的跑、冒、滴、漏等现象；采用适宜的方式进行雨水收集，使用中水和喷灌等节水技术浇灌绿地，尽量避开在水分蒸发快的时间段浇水。在资源回收再利用方面要求在社区内定期组织开展家庭旧物交易等资源再利用活动，引导居民和单位积极参与垃圾分类，减少固体废物排放，促进城市管理部门尽快实施垃圾分类回收。在进行垃圾分类指导时，对设在垃圾投放处明显的、易理解的分类说明标志提供了两个参考方案：A. 废纸回收桶、废塑料和废纺织物回收桶、废金属和废玻璃回收桶、废弃物回收桶；B. 可回收垃圾桶、不可回收垃圾桶，可回收垃圾指废纸、废塑料、废金属、废玻璃和废纺织物等，不可回收垃圾指厨房垃圾、果皮果壳等易腐烂垃圾。

江苏省绿色社区考核中的低碳要素指标体系是逐步完善的。在2003 年试行的标准中提倡使用太阳能，在 2005 年修订的标准中提倡中水回用和倡导绿色消费，在 2006 年的考核指标中列入了开展邻里闲置物品调剂活动，设有废旧物品收购点，可回收废物箱有专人清理等实现废旧物品资源再利用的有效途径，以及在社区内提倡使用太阳能，一水循环多用，雨水收集利用，建设中水设备等资源节约型要求，从而反映了不断提高绿色社区创建活动的质量，逐步形成实施居民低碳行为、家庭低碳生活、社区低碳行动的指标体系。

南京市江宁区秣陵街道太平社区的低碳行动具有一定的典型性。该社区是首批全国表彰的绿色社区，位于辖区里的一家洗浴场，在绿色社区创建过程中接受区环保局的指导意见，将 1 吨的燃煤锅炉改造成太阳能油炉，原用的燃煤锅炉每天用煤 2.5 吨，每月约需用煤 75 吨，按当年煤的市场价 500 元/吨，全年开支 75×12×500=45 万元，加上两名工人每年 4 万元工资，全年约需 49 万元。改造后，全年粗略按 280 天晴天用太阳能、80 天阴天用油炉计算，每天用油启动 2 小时，每小时耗油 6 升，当年油价 3.50 元/升，全年费用 6×2×365×3.50=15 330 元；每天需带电运行 5 小时，运行时耗电 2 000 瓦/时，当地电价 0.97 元/（千瓦·时），全年费用 2×5×365×0.97=3 540 元；阴天油炉每天用油 50 升，全年费用 50×80×3.50 =14 000 元，加上一名工人每年 3 万元工资和其他开支 4 万元，全年约需

10.3 万元，改造前后概略对比，全年可节省运行费用近 40 万元，真正实现了社区低碳行动推动社会低碳经济的发展。

第二节 绿色物业共建绿色社区

一、绿色物业与绿色社区

随着社会经济的高速增长，发展与保护之间的矛盾越发突出，由此发动的绿色革命就成为国际潮流表现在方方面面，伴随而来的绿色建筑自然成为当今住宅业发展的新趋势。但是目前绿色建筑的理念还仅仅局限在建筑物的规划、设计、施工、运行、维护、拆除或再使用的建造过程中，对于使用后的物业服务阶段涉及的生态保护、减少污染以实现社会总体效益的最大优化则重视不够。因此，充分考虑保护居住环境、减少区域污染的绿色物业管理，也就成为一种低碳途径的必然结果。

在绿色社区创建活动中普遍存在着人力和物力缺乏的矛盾。通过社区环保志愿组织建设，一定程度上解决了人力不足的问题；推动绿色物业共建绿色社区，则在一定程度上解决了物力不足的问题，同时也是在社区范围内从物业服务的角度实现低碳经济。

中国的物业管理行业已经历了 20 多年的发展，绿色社区创建活动也开展了 10 多年，它们以不同的形式、不同的方法，从不同的方面，不同的内容影响着社区环境管理体制的改变。在绿色社区中倡导绿色物业管理，正是基于绿色建筑的兴建和居民对于绿色消费的需求，它的提出不但体现了人们优化居住环境的要求，同时也说明物业服务已逐步由单向管理型向社会经济环境综合管理型转变，物业服务模式也正朝着绿色物业管理发展。

物业服务涉及房屋及其配套设施的养护和维修，以及对服务区域内环境的管护。据资料对比，建筑寿命全周期的 80%阶段处于交付使用以后的运行时间，这个阶段的管理费用，发达国家是建设成本的 7 倍左右，而中国则达到了 12 倍，其中，能耗费用占比最大，主要表现在：生活用水的过度使用，电力系统的过度消耗，重复装修的严重损耗，设施设备管理疏漏带来的浪费等，由此可见物业服务与节能减排的密切关系。

绿色物业管理目前在中国行业内尚未普遍推行，只是个别物业服务企业进行了 ISO 14000 环境管理体系认证。在绿色社区中推行绿色物业涉及众多的居民、家庭、社区及企业，综合参考国家、省、市绿色社区考评指标，在社区水环境、空气质量、噪声管理、固体废弃物处置、环境状况和绿色消费等方面，都可以为绿色物业管理引导发展方向，它不但反映了人们对居住环境的生态要求，也体现了企业的社会责任，还揭示了物业服务与环境保护的内在联系。因此，结合绿色社区创建活动的开展，推行绿色物业管理，势必成为今后社区环境管理、生态发展的一条有效途径，既有利于企业降低成本，树立品牌，增强市场竞争力；也有利于揭开物业与业主之间的屏障，促进全民参与节能减排，通过居民低碳行为、家庭低碳生活、社区低碳行动、社会低碳经济的综合低碳效应，应对全球极端气候变化，抵御自然灾害频发，建设资源节约型、环境友好型和谐社会。

在绿色社区创建活动广泛开展的进程中，实际上涉及两种区域、两个管理机构：一个是以社区居委会为管理机构的社区，另一个是以物业服务公司为管理机构的小区。从现实情况看，社区的管辖范围大多数涵盖若干个小区，而各小区内的环境则基本上是由物业服务公司负责管理，在人力和物力的投入、与居民接触的频率都相对比社区居委会高，可见物业服务公司是社区所辖小区环境的直接维护单位，所以有责任和义务参与绿色社区创建活动，是绿色社区实现长效管理的同盟军。

总之，在被表彰命名的省市级绿色社区中，已经基本具备实施绿色物业管理的条件。在此基础上广泛推行绿色物业管理，是对环境技术超前、环境管理优秀、环境文化独特、环境状况良好的社区典范，在区域环境的综合管理上进一步提高。长此以往，无论是由绿色社区创建改善的社区环境，还是由绿色物业管理建设的社区环境，都将实现绿色物业与绿色社区共赢社区环境管理的长效目标。

二、推行绿色物业管理的积极意义

（1）有利于政府加强社区环境管理。绿色社区创建活动自表彰命名以来，一直是由环保系统牵头，政府多个相关职能部门共同组织开展的一项社区环境保护的长期性工作，从社区管理的现状看，居委会虽然是自治组织，却承担了基层政府的职能延伸，在具体工作中因人力和物力的局限性，常常处在该管与难管的两难境地。根据《物业管理条例》，物业服务企业对管理区域内违反有关环保法律法规的行为应当予以制止，并及时向有关行政管理部门报告。推行绿色物业管理，便可促进物业服务企业在管理中依法承接政府对社区环境管理的职能，使企业行为附加行政和公益的内容，能够形成政企合力，更有效地管理区域环境。

（2）有利于物业服务企业降低运营成本。推行绿色物业管理，可以促进物业服务企业在管理中积极使用新能源、新材料、新技术、新工艺，通过抓好各个环节，实现节能、节水、节电以及节约养护材料，减少污染物的排放量，避免污染事故的发生，达到降低环境风险和环境维护的运营成本，促进资源的循环利用和环境的改善。

（3）有利于物业服务企业提升环保品牌。推行绿色物业管理，可以促进物业服务企业对全体员工进行常规性的环保培训，使员工在思想观念和行为方式上绿色起来，重视社区的环境保护工作，积极解决社区存在的环境问题，为社区人人参与保护环境创造条件，从而优化企业环保形象，树立企业环保品牌。

（4）有利于物业服务企业增强竞争力。推行绿色物业管理，可以促进物业服务企业为实施社区全过程控制污染和清洁运行提供程序上的保障，在节约成本过程中创造价值，提升管理区域的环境品质，使物业保质增值，同时也为社会创造财富，实现经济效益、环境效益、社会效益综合发展，真正提高自己在市场中的竞争力。

三、绿色物业管理的主要内容

当前，从物业服务与环境保护两个方面互惠互利、绿色物业管理与绿色社区创建共赢社区环境管理的角度考虑，绿色物业管理的主要内容包括：一是减少污染，保护环境，这是绿色物业管理的重要任务；二是通过有效的管理措施节约资源能源，实现低碳减排，这是绿色物业管理的时代任务；三是维护健康舒适安全的人居环境，这是绿色物业管理的根本任务。

与绿色社区创建活动相对应的绿色物业管理具体内容有：

（1）垃圾分类处理。要在服务区域内遵循“无害化、减量化、资源化”的原则，将垃圾分为可回收与不可回收两大类，可回收垃圾进行资源化处理，不可回收垃圾进行袋装化清运，减少运输过程中的二次污染。

（2）提高空气质量。在服务区域内劝阻单位和家庭使用燃煤锅炉，在道路两旁选种对汽车尾气有吸收转化功能的植被设置绿化带，在住宅楼厨房较集中的一面种植阔叶树木，以降低粉尘、一氧化碳、二氧化碳、二氧化硫和油烟在空气中的固定量。

（3）减少污水排放。在服务区域内实行雨污分流，雨水经过收集后用于浇灌绿地，冲洗路面和汽车，以及景观用水；污水则通过市政管网进入处理厂，这样既可以减少污染又可以节约水资源。

（4）控制噪声扰民。在服务区域内的噪声源主要有车辆交通噪声、建筑施工噪声和社会生活噪声等，对于交通噪声可采取人与车及进与出分类管理，限制车速，禁止鸣笛；对于施工噪声要限制装修时间，杜绝夜间作业；对于生活噪声要在用房租赁时加以限制。

（5）逐步美化环境。根据服务区域内不同的地理、气候及建筑特征，选种花卉草木，设置相宜植物带，并随着季节的变化进行养护，使花期绿色得到延长，维护生态平衡，促进人与自然相和谐。

（6）推广节能产品。在服务区域内最大限度地使用太阳能灯、风能灯、节能灯、节水器及低污染的新技术，有条件地应用智能系统降低能源消耗；同时号召业主选用太阳能热水器、无氟空调和冰箱、有能耗标示的家电，从居家生活层面上促进低碳减排，绿色生活。

（7）建设生态文明。用多种形式的绿色文化活动，提高员工和业主的环保意识，增强服务区域内的环境认同，融洽物业与业主及邻里之间的关系，共同建设适宜人居的生态家园。

四、实施绿色物业管理的方法

（1）对近几年新建、硬件设施完善的服务区，要从维护的角度开展绿色物业管理。随着绿色建筑在全国范围内的不断推广扩大，从设计、施工到材料和设备的选购都融入了绿色理念，为推行绿色物业管理打牢了硬件基础，对此物业服务企业可以从环境文化切入绿色物业管理。首先，在企业内部设立专职环保联络员，一方面要及时掌握政府职能部门出台的环境相关政策，另一方面要随时了解业主对服务区域内环境的意见和建议，将政策和意见作为制定服务区域环境管理的依据。其次，重视全体员工的节能工作，把减排成效列入对各部门绩效的考核，激励员工查找薄弱环节，主动采取补救措施。同时，在服务区域内开展多种形式的环境保护宣传教育活动，号召业主赞美家园、自觉参与节能减排，形成企业与业主互动的保护服务区域内环境的良性态势。

（2）对建设年代久、配套设备不全的服务区域，要从改善的角度开展绿色物业管理。开展绿色物业管理，并非都要在高档小区进行，或者只有投入大量的资金才能够完成，企业只要具有绿色理念，在取得物业服务资格后，就可以有计划、分阶段，结合住宅维修，从绿色、节能的角度进行出新改造，比如建筑物外墙体的隔热保温、节能设施设备的选用、水电供应容量的合理配置、垃圾的分类收集处理、中水的回收利用、太阳能使用位置的替换、装修的绿色选材等。这其中要特别注重对既有建筑物的节能改造，通过提高门窗密封性和屋顶的平改坡等来提高能源的利用率，通过加强对地下管网的维护来减少因跑、冒、滴、漏造成的能源浪费，通过对公共音源系统、制冷系统、供水系统等的改造来降低物业服务成本。

五、江苏省物业服务公司共建绿色社区

2007 年，上海陆家嘴物业管理有限公司无锡分公司春江花园管理处、江苏新城物业管理有限公司、苏州华新国际物业管理有限公

司和南京锦江物业管理有限公司等单位，结合参与绿色社区创建活动的具体实践，从企业发展与社区管理共促互赢着眼，向省内同行发出倡议，呼吁物业服务公司积极行动起来，踊跃参与江苏省绿色社区物业共建。他们在《绿色社区物业共建倡议书》中写道：生态危机是人类生活方式选择的结果，实质上是一个社会问题，因此环境问题的根本解决，需要社会各种力量的共同参与。当前，在全民动员节能减排，加快建设资源节约型、环境友好型和谐社会的局面下，积极参与绿色社区创建活动，是每一个从事社区物业管理工作的单位应尽的责任和义务。为此，我们特向全省社区物业管理公司发出如下倡议：

（1）参加所服务社区的绿色社区创建执行机构，并主动承担物业管理区域内的相关工作。

（2）努力落实街道办事处、社区居委会、业主大会提出的物业管理区域内环境建设议案。

（3）积极组织员工学习环保、宣传环保、实践环保，适时安排负责绿色社区创建工作的员工参加环保部门组织的专题培训。

（4）物业管理区域内新、改、扩建项目，规划时结合绿色社区相关标准进行，并公示征求业主意见；建设时坚决执行环保“三同时”制度，并不损害业主的环境权益。

（5）物业管理区域内采取相应措施维护业主环境权益，举报污水、噪声、油烟等扰民污染源的排放。

（6）物业管理区域内广泛开展节能减排活动，有效推广太阳能、节能灯、节水器等节能节水新技术，采取多种渠道实施雨水收集回用。

（7）物业管理区域内设置固体废物分类投放箱，可回收废物箱有专人清理，配合社区居委会开展邻里闲置物品调剂活动。

（8）物业管理区域内建立固定的环保宣传设施，设置环境问题投诉箱，配合社区居委会开展经常性的环境宣传教育活动。

（9）物业管理区域内无乱搭建、乱张贴、乱停放现象，加大绿化、美化、净化的投入与管理，在日常绿化养护的基础上，开展绿地认养和科普宣传。

（10）物业管理区域内倡导经营绿色食品、有机食品和环保标志商品，不经销国家环保法律法规所禁止的商品。

江苏省环境保护宣传教育中心随即将物业共建作为绿色社区创建活动的重要补充，不仅用文件的形式将倡议书印发市县环保宣教部门，而且刊登在省党报《新华日报》上广为宣传，并要求各地在深入开展绿色社区创建活动的过程中，广泛发动物业服务公司积极参与，在 2008 年年底以前促成已命名和正在申报省级绿色社区的社区物业服务公司，承诺参与江苏省绿色社区物业共建，从 2009 年开始，在省级绿色社区申报材料中充实物业共建承诺表及实施效果总结。自此，绿色物业与绿色社区共赢社区环境管理取得了明显效果，突出表现在：

1. 有效发挥物业服务公司的环境管理优势

无锡市环境保护局在绿色社区创建活动中发现，绿色社区考核标准中大约有 60%的内容在物业服务公司的规章制度或管理条例中有所体现，如江苏省绿色社区考核标准中的社区内河、湖、池水面清洁、没有漂浮物，生活垃圾袋装化、日产日清，道路清洁平整、各种车辆停放有序、机动车辆实施禁鸣，新、改扩建社区的绿化覆盖率分别大于 35%和 30%等。若将这些创建要求纳入物业服务公司的日常监管内容，会有利于绿色社区的长效管理、持续改进和巩固提高。况且物业服务公司通常有一支经过训练、熟悉业务、管理规范的安全保洁队伍，有些还有自己的宣传平台，像刊物或简报等，如果把绿色社区创建活动与强化物业服务质量同步进行，可起到事半功倍的作用，物业服务公司也可以通过绿色社区创建活动提升品牌，获得社区管理与物业服务双赢的效果，是件一举两得的好事。为此市环保局在开展绿色社区创建活动中积极动员，全面协调，细心指导物业服务公司发挥环境管理优势，真抓实干。

上海陆家嘴物业管理有限公司无锡分公司通过了 ISO 14000 环境管理体系认证，环境意识较强，管理方法科学，在承担小区的物业服务中，凭借先进的管理制度，人性化的服务理念，规范的管理条例，严格的管理措施，严谨的工作作风，完整的资料台账，丰富的社区活动，浓郁的文化气息等优势，积极参与绿色社区创建活动，在全省物业共建绿色社区中成绩斐然。该公司新世纪花园管理处服务的曹张新村第二社区，是一个新、老小区混杂的居民住宅区，一部分是 20 世纪 80 年代建造的机关干部宿舍，另一部分是近年开发的新世纪花园，在绿色社区创建活动中，管理处对照省级绿色社区考核标准，结合小区管理条例，在主动承担新世纪花园小区的创建工作的同时，义务帮助老住宅区共建，一方面把一些先进的管理理念、经验做法，毫无保留地传授给居委会，以便居委会借鉴运用，以此去影响、带动、督促、管理老住宅区开展创建；另一方面还通过物业资源和信息把绿色文化无偿地与全社区居民共享，物业艺术团精心编排了一台寓教于乐的“倡导绿色生活，构建和谐社会”的纳凉晚会在社区演出，吸引了大批居民前来观看，使居民在娱乐的同时得到绿色启发和收获，2005 年被江苏省环境保护委员会命名为省级绿色社区。随后该公司服务的丽都社区和长江社区也于 2007 年通过省级绿色社区考核验收，特别是该公司春江花园管理处服务的春江花园社区在 2005 年成为省级绿色社区后，通过两年不断提升环境质量，2007 年被评为全国绿色社区创建活动先进社区。

2．为物业服务公司搭建发挥优势的舞台

苏州市随着近年来经济的快速发展，社区建设引进了一些现代化的环境管理模式，尤其是在工业污染源全面实现达标排放，生活污染源、农业污染源得到有效处理，建设项目环保“三同时”制度执行率达 100%，环保设施运行正常，新建社区实行雨污分流，生活污水接入城镇污水管网等硬件方面打下了良好的基础。在这样的社区里，物业服务公司管理的难度相对小一些，物管费及收缴率都相对高一些，管理与被管理双方容易达成美化优化环境的共识，因此参与绿色社区创建活动的积极性自然也就大多了，那么为物业服务公司搭建发挥环境管理优势的舞台，就成为绿色社区创建活动组织单位的重点协调工作。

苏州市环境保护局在市级、省级、全国表彰绿色社区逐级提升的创建路程中，建立了党支部、居委会、业主委员会、物业服务公司共唱一台绿色戏的大舞台。在这个绿色大舞台上，党支部是龙头，因为它是街道党工委或镇党委依照党章批复成立的基层党组织，所以在社区实际工作中起领导作用，在绿色社区创建活动中重点是掌握相关环境政策的贯彻执行；居委会性质虽然是自治组织，但国情又赋予它承担政府职能机构的延伸，与街道办事处或镇政府签订有年度工作考核目标，在绿色社区创建活动中重点是组织通过考核验收来完成市、区、街道或镇三级分解的环保目标责任书；业主委员会是物业服务区域范围内代表全体业主对物业实施自治管理的组织，创造整洁、安全、舒适的居住环境是业委会日常的重要述求内容，在绿色社区创建活动中，重点是发现社区内存在的环境问题，监督物业服务公司在其职责范围内，按照居委会张贴的绿色社区考核指标维护服务区域环境；物业服务公司则是这个绿色大舞台上的舞龙者，它起舞的好坏，直接影响绿色社区创建活动的实效，直接体现出绿色社区为居民带来的实惠。

苏州市金阊区彩香一村南社区是一个城中老住宅区，由于基础设施比较差，物业服务公司不愿意接管，长期以来只有居委会雇几个打扫卫生的人捡捡垃圾，物业服务的内容无从谈起。开展绿色社区创建活动以后，居委会整合资源，在社区内成立物业站，先从环境保洁、绿化养护入手，再在区政府、街道办事处规划、投入、改造、整治社区大环境的基础上，将绿色社区考核指标与物业服务相结合，逐步提升社区环境管理，终于在 2005 年进入江苏省绿色社区行列。

作为物业共建绿色社区倡议发起单位之一的苏州华新国际物业管理有限公司，在苏州服务的区域地属新加坡工业园区，所在社区无论是硬环境还是软环境都比较好，特别是作为软环境主要组成因素的居民环境意识普遍较高，良好的环境行为在居民日常生活中随处可见，业主自发投入认养绿地，自觉采用节电节水新技术，踊跃将家中闲置物品捐献扶贫。就在这样一个充满绿色的大舞台上，该公司充分发挥环境管理优势，在所服务的都市社区、贵都社区、东方社区和新城社区同时开展绿色社区创建活动，经过湖西社区工委组织，区环保局指导，市环保局申报，江苏省绿色社区创建指导委员会办公室考核、验收、公示，四个社区同时于 2005 年被命名为江苏省绿色社区。面对可喜的成绩，该公司管理层没有停步自赏，再次统一思想认识：绿色社区创建活动只有起点没有终点，将适合在社区推广使用的太阳能、中水浇灌等节能减排措施运用到都市社区的环境管理中，经过两年的努力，该社区于 2007 年加入到全国表彰的绿色社区行列中。

3. 在绿色社区创建活动中实现“三赢”

徐州市地处苏北，经济相对苏南属于欠发达地区，社区的环境设施比较落后，居民的环境意识有待提高，开展绿色社区创建活动缺资金、少人力，从区、县环境保护局到街道办事处到社区居委会都有畏难情绪。针对这一现实情况，徐州市环境保护局在 2004 年启动省级绿色社区创建活动时，通过深入细致的调查摸底，发现服务于云龙区圆梦社区的物业服务公司是从福建省拓展业务进入徐州市场的，正在寻找新卖点以树立企业品牌，增值公司资产，在做大做强中提高竞争力，扩大物业服务范围；绿色社区创建活动正好为其提供了社区服务、环境管理、品牌效益“三赢”的机遇。于是该公司在区、市环保局的指导下，运用循环经济理念，用回收居民家中的废旧物品充抵物业费，居民从中既得到了实惠，又受到了环保教育；公司既传播了环保理念，物业费收缴率又由不到 30%上升到 70%多。渐渐地对绿色社区创建活动居委会动起来了，居民家庭理解了，物业服务公司积极性更高了，逐步增加环境管理内容，最终，圆梦社区通过考核成为首批江苏省绿色社区。

市环保局有了指导物业服务公司在绿色社区创建活动中实现“三赢”的工作经验，便适时因地制宜地变更创建工作方向和重点，将考核指标中确定的以居委会为主体调整为居委会牵头、物业服务公司组织实施，区、县环保局根据属地社区物业服务公司的环境管理能力，不求数量但求质量，有计划地选择年度创建社区，加强业务服务和技术指导，保证绿色社区创建活动逐年进步，2007 年被江苏省环境保护委员会命名为省级绿色社区的泉山区康居社区、新光社区和铜山县无名山社区全部是以物业服务公司为主体完成创建任务的，特别是无名山社区在省、市、区联合考核验收时，汇报场地在物业服务公司办公室，汇报材料是物业服务公司统计整理，主持汇报是物业服务公司负责人，充分反映了物业服务公司在绿色社区创建活动中的重要作用。

物业服务公司作为市场运作的企业，追求利益最大化是其商业的本性，也是立足行业的根本所在；而绿色社区创建活动作为惠民的公益事业，社会效益最大化应成为其宗旨，也是根植于民的生命力所在，将经济、环境、社会三者效益有机地统一于一体，在资源整合中优势互补，最终使交汇点的峰值处于最佳状态。在深化绿色社区创建活动中开展的“废品银行”、“自助绿化”、“绿地认养”、“碳汇林建设”、“落叶（厨余）堆肥”和“雨水收集利用”等专项建设，既可以保证绿色社区创建活动具有长效活力，也可以视为物业服务公司的日常工作，还可以视为物业服务公司实现低碳经济的有效途径。

六、化解物管矛盾的新途径——社区环境圆桌对话

管理与被管理是一对广泛存在的现实矛盾，在物业服务区域，“我付钱你服务”是业主的普遍心态，“我开公司要盈利”是物业服务企业的生存目标。这样，便形成了一方面是业主追求物有所值的高性价比物管服务，另一方面是企业追求低投入高产出的商业利润最大化，两者站在各自的视角看问题都是合理的，可一旦交汇到一起，如果处理不好常常会产生矛盾，也是因收缴费造成物业与业主之间纠纷占比很大的原因。

江苏省苏州昆山市周市镇金威社区始建于 2002 年 5 月，在被命名为江苏省绿色社区后，积极改善环境面貌，努力申报国家表彰绿色社区。2005 年以来，社区东南侧的 23 栋、25 栋商住楼在开发规划时没有设计餐饮业的配套设施，致使租赁一楼门面房经营餐饮的 8 家商铺，在营业过程中产生的污水、油烟和噪声不能按标准排

放，不仅破坏了社区优美的建成环境，而且困扰着居民的正常生活和身心健康，日积月累导致业主与物业矛盾激化，致使部分住户拒绝缴纳物业管理费。

2008 年 2 月 28 日在江苏省环境保护宣传教育中心的指导下，由昆山市环境保护局协调，金威社区居委会针对餐饮商铺污水、油烟和噪声扰民问题，组织社区居民、业主委员会、环保志愿者和绿色家庭代表作为利益相关方，23 栋、25 栋餐饮商铺经营者及周市镇工商分局、环保办、卫生防疫站、城管中队、创建办和新镇街道办事处，以及江苏省博威物业服务公司有关负责人作为责任相关方，在社区会议室召开了社区环境圆桌对话。

会议首先由居委会主任介绍对话背景和议程，随后由利益相关方陈述取缔 23 栋、25 栋餐饮商铺的理由：一是 23 栋、25 栋商铺由于开发商在规划设计时没有安装餐饮污水和油烟排放设施，因此在经营过程中所排放的污水和油烟都未能达标，污染了环境，影响了居民的正常生活。二是 23 栋、25 栋餐饮商铺属于无证无照经营者，卫生和消防都未经过有关部门审核，因此在经营过程中存在着安全隐患。三是 23 栋、25 栋餐饮商铺设在居民住宅房下面，根据《苏州市餐饮业环境污染防治管理办法》第六条第一款、第四款规定，属禁止办理餐饮业的范围，因此这些商铺应该改行经营其他业务。

对此，责任相关方分别介绍了 23 栋、25 栋餐饮商铺的经营情况：一是关于 23 栋、25 栋餐饮商铺污水、油烟、噪声扰民问题，新镇街道办事处多次接到居民的联名投诉，办事处在 2007 年 12 月 18 日组织召开了各职能部门协调会，对金威社区周边店面进行了实地查看，并会同有关部门联合发文，明确了整改的时间和要求，现在看来整改未能达到预期目标，必须责令经营户在规定的时间内自行关闭或转行。二是 23 栋、25 栋餐饮商铺经营者都属于自主租住户，在经营装修时房东未告知情况，物业服务公司也未起到监督作用，导致了污染源的产生，现在要马上关闭存有一定的困难。三是 23 栋、25 栋餐饮商铺确实属于违规经营，理解社区居民解决污染扰民的正当要求，愿意配合政府部门进行整改，但需要一定的时间，并希望有关部门帮助协调与房东的房租问题。四是物业服务公司工作不到位，通过这次整治将加大管理力度，从房屋租赁源头抓起，杜绝污染环境、影响居民正常生活的餐饮业存在。

利益相关方与责任相关方在平等、诚意、理性、谅解的基础上，经过交流沟通最后达成协议：一是以工商分局牵头执法部门，根据有关规定切实解决 23 栋、25 栋餐饮商铺污水、油烟和噪声扰民问题。二是由街道办事处牵头相关部门，协调解决关闭及搬迁的时间和资金问题。三是截止到 3 月 20 日，经营户按协议自行关闭或转行。

经过第一次社区环境圆桌对话，虽然初步缓解了社区环境问题引发的矛盾，但是没有彻底消除污染扰民问题，主要原因在于经营者要在规定的时间内完成转行或关闭，存在着时间仓促和资金困难的问题，特别是一家回民经营的兰州拉面馆还涉及民族政策。为此，4 月 29 日居委会召开了第二次社区环境圆桌对话。

首先利益相关方向责任相关方就第一次对话后问题解决的情况提出质询。随后，责任相关方代表通报了履行协议的情况：到目前为止，23 栋、25 栋 8 家餐饮商铺一家已转行改为超市，其余 7 家还在协调处理之中，希望受害居民谅解，再宽限一点时间，尽量减少不必要的损失。

一个多小时之后，对话双方再次达成协议：一是街道办事处继续协调解决经营者与房东之间的租金问题。二是餐饮商铺在 6 月 30 日前全部关闭或转行。三是政府有关部门对经营者如不自行在承诺的时间内关闭或转行将依法取缔。

通过两次社区环境圆桌对话，餐饮商铺污染扰民问题在和谐的氛围中得到了彻底解决，那么部分业主欠缴物业服务费自然成为第三次社区环境圆桌对话的话题。12 月 16 日还是由社区居委会主持，博威物业服务公司由责任相关方转变为利益相关方，两名欠费居民代表则为责任相关方，两方面本着平等协商的原则阐述了观点。这次对话既是前两次对话问题的延续，也是承前启后新话题的转换，所不同的是在责任相关方与利益相关方之外，增加了由社区环保志愿者和绿色家庭代表组成的监督相关方，它既不受污染困扰，也不欠缴物业费，而是站在中间立场监督双方合理阐明观点，承诺履行协议。

对话首先是物业服务公司代表就污染问题解决之后，部分业主欠缴物业服务费的问题提出了利益主张。监督相关方也阐述了缴纳物业服务费既是业主的法定义务，也是保障物业服务公司正常运转的经济基础，同时还可以维护社区全体居民公共利益的观点。两位欠费代表从不同的利益角度表达了解决问题的意向，一是欠费全额补交，但物业服务公司必须保证不再发生污染扰民问题，一旦发生要进行赔偿；二是污染问题解决之后的欠费全额补交，此前所受到的污染伤害，应该给予一定的补偿。

困扰三四年的棘手问题，最终通过社区环境圆桌对话得到了圆满解决，签订了补缴物业管理费的协议，23 栋、25 栋部分居民因污染纠纷所欠缴的物业费按 80%补缴，其剩余部分费用由业委会通过其他途径贴补给博威物业服务公司，到了 12 月底欠费全部收齐。

博威物业服务公司在矛盾妥善化解后，加大了服务区域内环境管护的投入。在一年多时间里，先后用 10 多万元新增绿地面积 8 000 平方米，用 6 万元购买 100 只垃圾分类收集箱，用 5 000 元在小区内外河之间建造上下阀，将原先用自来水更换景观水改为自然河水。这些举措促进了物业服务与管理的良性循环，既节省了财力和人力，又达到了低碳减排，更提高了居民的环境保护意识，受到居民家庭、业主委员会、社区居委会、街道办事处的广泛好评。

2010 年 6 月 5 日，为配合世界环境日“低碳减排，绿色生活”的宣传主题，江苏省环境保护宣传教育中心要求全省绿色社区，将这种用社区环境圆桌对话化解物业与业主之间环境污染纠纷的新途径广泛推广。

第三章　家庭社区低碳行动

第一节　建设社区低碳宣教阵地

一、发挥户外媒体宣教作用

“户外媒体”这一概念不如报刊、广播和电视那样为居民所熟知，但是社区最常见的一种宣教形式，与报刊、广播和电视等其他媒体相比，最具有地理适应性，也是宣传潜在到达率最好的一类。长期以来环保宣传多重视报纸专版、杂志专刊、电视专栏、广播专题和科普读物，只有在重大环保活动中临时搞一些户外宣传，相对忽视了户外媒体这一宣传领域。在绿色家庭和绿色社区创建活动开展以来，户外媒体的概念被逐步认知，户外媒体的环保宣传效果日显突出。

大型广告牌面积大、位置高，容易吸引注意力，是户外媒体最常见的一种形式，但设置起来要涉及规划及工商等部门，由社区居委会自行操作手续复杂，且投入经费高，不易产生时效。要解决这一矛盾，就要发挥省、市环保宣教部门的职能作用，例如，江苏省环境保护宣传教育中心在 2001 年围绕环保宣传的公益性做文章，结合全省绿色家庭和绿色社区创建活动的开展，选择行车流量大、大型广告牌位多的高速公路作为突破口，通过宣传环保的社会性与商业的效益性既有区别又有联系，与江苏宁沪高速公路经营发展公司和大贺户外传媒股份有限公司协商，在其位于沪宁高速公路、南京机场高速公路的广告牌位上，将商业广告牌有机地赋予环保宣传内容，张挂了“创建绿色社区，建设美好家园”等为主要内容，总计约 400 平方米的环保公益广告牌，起到了深入行人潜意识的环保宣传效果。

墙体标语是规范性户外媒体的一种延伸形式，特别是在社区可灵活重复利用的资源丰富，涵盖在环境保护中的低碳理念虽然属高科技领域，但要传播便民的低碳知识，应该采用普通居民容易接受的宣传手法，通过在社区进出口、交通干线两边的院墙上，书写适合社区特点、通俗易懂、且较为规范的低碳宣传标语和口号，使低碳触角深入到居民视野，会更有效地提高公众的低碳意识。

二、建设社区环保宣传栏

在户外媒体中虽然广告牌图案鲜活，墙体标语朗朗上口，但是宣传的随机性大、效果不稳定，而建设社区环保宣传栏可以通过分析社区居民的成分、生活中关心的环保焦点、小区易出现的碳排放问题，编写有针对性的“绿色社区环保公约”、“生活中的低碳常识”、“绿色家庭评选标准”、“社区环保志愿组织活动章程”等内容，制作在宣传栏或黑板报上，建立固定的环境保护宣传教育阵地，开展长效性的低碳减排常识教育，丰富环保公益宣传内容。例如，江苏省环境保护宣传教育中心在 2007 年通过开展全省绿色社区环保宣传栏评比活动，要求建设社区环保宣传栏：①环保宣传栏为独立的橱窗式或黑板式，有固定的环保宣传栏标题和内容，大小能容纳 4 张单页宣传画以上；②环保宣传栏设置的位置在社区道路进出口，或广场、信息公告处等显著地段；③环保宣传栏有专人管理，每季度更换一次内容；④环保宣传栏的内容主要是贴近社区居民生活的环保常识、法律法规、污染投诉方式，及绿色家庭、社区、街道和环保志愿者等。结果评比出一等奖 10 个，二等奖 20 个，三等奖 40 个，推动了全省绿色社区环保宣传栏建设，为在社区对居民家庭进行全民低碳教育奠定了基础。

苏州市环境保护宣传教育中心将广告牌与宣传栏两类宣教样式相结合，2009 年立足于市级绿色社区铺设 LED 滚动式节能环保灯箱，一期先在古城区内铺设 30 个，二期在城区内再铺设 30 个，到

2010 年达到 120 个，形成一个规模化的绿色社区环保专项宣教阵地，大大增加了生态文化的建设力度，使低碳观念深入社区，融入家庭。以往市环保宣教中心曾尝试和广告传媒公司合作铺设环保灯箱，但广告商为了自身的利益，往往在环保灯箱上发布与环保无关的其他内容，而且灯箱形式无法整齐划一，达不到环保宣传的最大化效应。现在铺设 LED 滚动式环保灯箱，每个造价 1.5 万元，由市财政环保专项资金拨款，产权归市环保宣教中心所有，外形宽、高、厚分别为 135 厘米、225 厘米、28 厘米，画面尺寸宽、长分别为 80 厘米、120 厘米，内容设计四幅滚动环保画面，LED 尺寸宽、长分别为 13 厘米、90 厘米，内容设计滚动环保字幕，无须外接电源，采用太阳能电池蓄电技术，做到了真正意义上的节能低碳。

三、布置社区环保教育馆

无锡市新区硕放街道南星苑二社区建筑面积 40 多万平方米，现有居民 9 127 名，是一个农民安置社区。如何加快村居向社区发展，尽快缩短农民向市民的转型过程，社区居委会通过到先进社区调研取经、赴香港环保署参观学习，明确了围绕在绿色创建中提高人的素质，在提高人的素质中推进绿色创建，从环境教育入手，培养新居民的环境意识、自我意识、竞争意识、创造意识，在街道办事处的支持下，居委会利用村改居拆迁安置配套办公用房面积倍增的优势，2007 年率先在江苏省首创了“社区环保教育馆”，在向居民大力宣传环境保护和生态文明方面发挥了显著作用，拓展了社区低碳宣传教育的模式，经过三年的努力，一个环境优美、宜人和谐的美丽家园出现在人们面前，先后被省、国家表彰命名为绿色社区。

教育馆按居民的衣、食、住、行、用分类，布置了家居篇、节水篇、污染篇、生态篇、节能篇、生活篇等 21 块展板，陈列着居民们巧手制作的环保节能小样品，展示着用污水处理设备模型净化水的过程，摆放着多种环保书籍和绿色宣传册。每逢有新居民入住社区，居委会都要请他们到环保教育馆来上一堂生动的环保教育课。一幅幅图文并茂的宣传画，告知新居民保护环境就是保护生命的道理；一组组动植物的知识图片，让新居民更好地认识自然、爱护自然，努力实现人与自然和谐共处；一条条节能、节电、节水的计策，反映了新居民生活中勤俭节约、保护环境的智慧和才能，自开馆以来受教育人数已达上万人（次）。现在入住南星苑二社区的 1 321 户家庭全部使用了太阳能，80%以上的家庭已经从垃圾分类、节约用水用电、种花护木等细节入手，把绿色时尚带入居家生活，将低碳理念付诸日常行动。

社区居委会还以环保教育馆为载体，先后同江南大学、江苏教育学院等 7 所院校、8 家企业、2 支部队签订了《绿色环保社会教育联动机制协议书》，有 3 000 多名师生、200 多名官兵、1 000 多名员工走进社区，到环保教育馆接受环保教育和参加社区环保宣传活动，如今的环保教育馆已成为大学生社会实践基地，中小学生爱国主义教育基地，企业员工的“厂外花园之家”。

2010 年，在国家环境保护部宣传教育中心的支持下，经过江苏省环境保护宣传教育中心的指导，环保教育馆增添了一个展室，布置低碳专题宣教内容，把新居民的环保关注点适时引向全球化的低碳时代。

四、推广居民楼道文化

要倡导居民低碳行为，家庭低碳生活，就要向居民家庭宣传低碳理念。推广居民楼道文化也是建立固定的低碳宣教阵地、普及低碳知识的一种简便易行的方法。

现在常见的居民楼道存在两种现象：一种是新建的商住楼干净整洁，另一种是老住宅楼乱堆杂物。无论是哪一种，经过适当改造便可以成为低碳宣教资源，特别在老住宅楼实施更有可借鉴的意义。因此，常州市天宁区茶山街道清凉二社区的居民楼道文化便具有很高的推广价值。

清凉二社区是一个居住着 1 700 多户人家的老社区，相对而言，老年人口、低收入家庭和外来新市民多，居住环境设施较差，社区管理难度大。如何在这样的居民区里灌输绿色新概念，倡导居民低碳行为，家庭低碳生活？2009 年 4 月，本着“小投入、大环保；小楼道、大窗口；小阵地、大文明”的工作思路，江苏省环境保护宣传教育中心和常州市及天宁区环境保护局宣教部门联合在该社区开展了“楼道文化”的试点。

试点第一步是建设低碳宣教窗口。清凉二社区普遍存在着一楼居民自建车棚和仓库，楼道中搭炉子做饭、乱放垃圾和乱堆杂物的脏差现象，为了摸索操作经验，试点选择 4 幢居民楼的 12 个单元进行，先是拆除自建车棚和仓库，清理整治楼道，粉刷出新墙面，然后在每个单元一楼楼道口设置一个 200 厘米×100 厘米，1～3 楼楼道设置 200 厘米×60 厘米，外框固定内板可更换的宣传栏。第二步是确定宣教主题。将环境保护、计划生育、健康安全、环保书画作为四个宣教主题，每一栋楼展现一个主题，既有宣传挂图，也有自作画展，定期循环悬挂于各个楼道，宣传栏的保洁与换置主要由社区环保志愿者完成。第三步是布置宣教内容。主要是选择符合社区居民现有知识结构和认知水平的低碳宣传资料，同时兼顾社区整体工作介绍公益活动和生活保健、安全常识等。这样就将蕴含低碳理念的“百科知识”送到了居民家门口，使每个楼道都成为低碳“宣传廊”，每面墙壁都成为低碳“知识窗”，让居民在进出楼道时就能润物无声地接受低碳教育。

试点于 2009 年 6 月初举行展示仪式，到年底，每个楼道更换了 2 次宣教内容，并逐步扩大到 11 栋居民楼的 33 个单元。一些上下楼的居民反映，以往经常在报纸、电台、电视上看到听到“节能减排”这个词，现在看了宣传栏才清楚“减排”内容之一就是减少二氧化碳排放量，保护臭氧层，应对全球气候极端变化。

第二节 开展社区低碳行动

一、家庭碳排放调查

如何减少温室气体排放、遏制人类活动对大气环境的破坏，发展以减少二氧化碳排放为代表的低碳经济，在联合国气候变化大会于哥本哈根召开之际，掀起了一场全球性的革命。因此，有效地引导社区居民关注碳排放与自然灾害之间的关系，在面对极端气候变化的严峻挑战面前，与企事业单位共同承担低碳减排的社会责任，逐渐成为社会各界热切关注的课题。

2008 年 3 月，由国家环境保护部宣传教育中心与美国环保协会中国项目办联合立项，南京大学地理与海洋学院项目组技术研究，江苏省环境保护宣传教育中心组织实施的《家庭齐行动，减缓碳排放——社区千家碳排放调查及公众环境教育项目》在南京市建邺区南湖街道沿河社区、江宁区东山街道邵圣社区、雨花台区梅山街道梅苑社区同步展开。经过为期一年的数据采集、统计、分析，在特定范围内总结出城市社区家庭碳排放的特点和主要影响因素，推导出简便易行的家庭碳排放计算器，为倡导居民低碳行为、家庭低碳生活、社区低碳行动提供了示范，丰富了绿色家庭和绿色社区创建活动及社区环保志愿组织建设的实效内容，也为制订家庭及社区碳中和的相关政策，提高公众节能减排的意识和能力，推进资源节约型和环境友好型社会建设提供了可靠的数据依据。

这次从调查开始研发家庭低碳减排的有效途径，引起了国家、省、市多家媒体及互联网的广泛关注，英国《金融时报》记者专程到南京采访，向本国读者介绍中国家庭为低碳减排所做出的努力。为推广调查成果，2009 年 4 月 1 日，主办单位在邵圣社区召开表彰会，对大力支持调查开展的 11 个先进单位，认真组织项目实施的 25 名先进个人，积极参与项目进行的 60 个先进家庭进行了奖励。

1. 开展调查，掌握家庭碳排放量

（1）选择家庭，建立调查户群。调查效果好坏与采集有效数据密切相关，社区千家碳排放调查项目设计之初，就研定不用大学通常采取的学生随机发放问卷开展调查的方法，而是搭载江苏省环保系统正在构建的生态工作链：绿色社区和绿色家庭创建活动及社区环保志愿组织建设挑选调查社区，经过省、市、区环保宣教部门综合分析绿色社区现状，并与相关街道办事处协调，最终确定位于老城区的沿河社区、位于城郊结合部的邵圣社区、位于国企宿舍区的梅苑社区作为不同类型的典型社区参加调查。

2008 年 3 月 29 日，启动仪式在沿河社区结束后，三个社区居委会均以环保志愿者和绿色家庭为重点，各选择 50 户家庭，每户再联系 8 家，达到 400 户调查群，其中 20 户为典型调查家庭，逐月填写一次调查表，380 户为基本调查家庭，每季度填写一次调查表。

（2）举办环保课，教授调查方法。总计 1 200 户调查群建立后，4 月初，项目组分别在三个社区的典型调查家庭中各选取 10 户，就所设计的调查表进行预调查，介绍调查方法，听取反馈意见，修改问卷表，最终完成了社区家庭碳排放问卷调查表的设计和家庭碳排放计算器软件的编制。

调查问卷的活动数据主要由家庭概况、交通出行、家庭能耗、家庭废弃物和环境意识行为五部分组成，将家庭碳排放的主要方式归类为交通出行、家庭能源消耗、家庭垃圾排放三大方面。为指导居民掌握调查方法，采集有效数据，主办单位于 4 月 28 日，在邵圣社区举办了第一次环保课，对三个社区居委会直接选出的 150 户家庭代表，分别就调查的意义、技术和组织做了专题培训辅导。6 月 10 日，在沿河社区举办第二次环保课，就环保志愿组织建设及绿色家庭创建与家庭碳减排的关系做了专题讲座，并对调查家庭代表提出的技术问题进行了答疑。11 月 9 日，在梅苑社区举办第三次环保课，就物业公司共建绿色社区与家庭碳减排的关系做了专题讲座，同时对半年来的调查情况进行了阶段性总结。12 月 25 日，在江宁区东山街道外港社区举办第四次环保课，就如何在各级绿色家庭和绿色社区中推广家庭碳排放调查做了专题讲座。

（3）实施调查，采集有效数据。为便于社区居委会开展调查，主办单位为每个居委会各配发了一台电脑和 3 辆自行车，各居委会分别按序号、姓名和住址建立问卷用户调查管理库，从 2008 年 5 月 10 日正式开始实施调查。三个居委会项目负责人根据水、电、气抄表规律，于每月 10 日将“家庭碳排放调查问卷”分别针对典型户或基本户进行发放，2～3 天内收回问卷，再将录入和整理过的数据传给主办单位，发现异常值项目组及时了解情况做出校正，对填写随意或统计误解出现原则性错误数据的问卷作为无效问卷剔除。

截至 2009 年 5 月 10 日，每月发放典型户调查问卷 60 份，共发放 13 次，总计 780 份，有效率为 100%；每季度发放基本户调查问卷 1 200 份，共发放 5 次，总计 6 000 份，邵圣社区有效率为 99.75%，沿河社区有效率为 98.50%，梅苑社区有效率为 96.25%，总计有效率为 98.17%。

（4）推导数据，掌握家庭碳排放主要途径。通过为期一年的家庭碳排放和环保意识行为的跟踪调查，并分别对典型户和基本户的原始数据进行统计与分析，在真实性和一致性基本相似的基础上，从家庭碳排放总体结构来看，能耗碳排放量占家庭碳排放量比例最大，约占 60%，其次为生活垃圾碳排放量比例约为 24%，最小为交通出行碳排放量比例约为 15%。

为论证方法的正确性和数据的有效性，2008 年 3 月、5 月和 9 月、2009 年 4 月和 9 月分别在北京、北戴河和南京，主办单位和参与调查的市和区环保局、街道办事处和社区居委会项目负责人，以及国家发改委、北京师范大学、北京大学和中国人民大学有关专家共同召开了技术研讨会，基本认同对三个社区家庭碳排放量内部分析所反映社区家庭碳排放量的总体变化情况。为进行年度对比，2009 年 6 月，三个社区从参加调查的家庭中各选出 110 户家庭，其中 10 户为典型户，100 户为基本户，开展第二轮为期一年的家庭碳排放调查。

2. 依据结论，引导家庭碳减排

（1）引导居民节电是家庭碳减排最有效的途径。经过对调查数据进行统计分析发现，在家庭能源消耗碳排放结构中，基本户和典型户的家庭用电所占比例均最大，分别为 74.80%和 75.38%，且与居住面积高度相关，可见家庭用电是影响家庭能源消耗碳排放的主要因素。因此，积极引导社区居民树立节电意识，在工作和生活便捷位置购买适宜面积的住宅，注重外墙和门窗隔热保暖性，充分利用自然光源，减少电器用量，选购节能家电，使用节能灯和太阳能，提高家庭能源利用率，培养便于手工操作不使用电器、早睡早起、减少上网和看电视时间、随手关闭不用的电源、空调在冬夏季调低（高）一千瓦时等良好的节电习惯，是在社区建成环境中减少家庭碳排放量的有效途径。

（2）引导居民资源回收利用是家庭碳减排的又一条途径。生活垃圾碳排放量在家庭碳排放总体结构中占比第二位，特别是夏季由于居民对蔬菜、瓜果消耗较多，是家庭生活垃圾排放量的高峰期。因此，积极引导社区居民进行垃圾分类，将废纸、废纸盒、旧报纸、空塑料瓶、不用的铝（铁）罐及玻璃瓶等可回收废品收集变卖，在有条件的社区开设“废品银行”变废为宝冲抵物业费；广泛倡导社区居民适度购买物品，减少用品消耗，在有条件的社区开展闲置物品交换、推广厨余堆肥绿化，都是居民自觉承担碳减排社会责任的有效途径。

（3）引导居民绿色出行是家庭碳减排不可忽视的途径。交通碳排放量虽然在家庭碳排放总体结构中比例最小，但随着居民生活水平的提高，家用汽车的普及，交通出行碳排放量有上升的趋势。统计分析显示，在交通出行碳排放结构中，小汽车出行比例最高，约为 77.32%。因此，积极引导社区居民近距离时尽可能选择步行、自行车出行，远距离时尽可能选择长途汽车或火车出行，乘车出行尽可能选择公共汽（电）车、有轨电车、地铁、轻轨等对环境污染小的公共交通，自备车出行选择低能耗、小排量的环保型车，条件许可时合用车辆出行，也是居民减少对大气环境破坏的有效途径。

两轮的家庭碳排放调查，不仅获取了准确的基础数据，而且实施了公众环境教育，不同程度地提高了社区居民的环境意识。自调查开始到结束，社区碳排放总量始末月对比下降 11.85%，其中梅苑社区减幅最大，为 28.64%，沿河社区减幅次之，为 7.24%，邵圣社区也有一定的减幅，为 4.05%。从碳排放方式上看，生活垃圾碳排放量减幅最大，为 22.25%，其次为交通出行碳排放量减幅为 20.13%，家庭能耗碳排放量减幅最小，为 5.4%。这些统计数据不仅分析出家庭碳排放的主要途径，也为在绿色社区和绿色家庭创建及社区环保志愿组织建设中，建立居民低碳行为、家庭低碳生活、社区低碳行动、社会低碳经济的居民、家庭、社区、社会低碳链，应对全球气候变化，抵御自然灾害明确了努力方向。

二、节能减排家庭档案

2008 年 3 月，沈阳市妇女联合会与环境保护局、档案局共同启动了“沈阳市百万妇女家庭节能减排行动”，由市“三八红旗手”代表向全市妇女和家庭发出“树立新理念，倡导新生活，积极参与节能减排行动”的倡议，全市各行各业的妇女和家庭代表在绿色环保的旗帜下庄严宣誓，拉开了沈阳市家庭节能减排行动的帷幕。

“节能减排家庭档案”是由沈阳市环境保护局和妇女联合会统一印制，并向社区居民发放的节能减排家庭档案资料册及记录本，目的是指导居民将家庭中的能源、资源使用情况进行科学记录，并将不同时期能源消耗情况进行简单分析对比，通过统计家庭能耗数据起到低碳教育的作用，为宣传节能减排工作提供理论和数据支撑。节能减排家庭档案重在从家庭入手，以改变当前家庭生活中与节能减排不相适应的思想观念和行为方式为重点，大力倡导节能环保新理念，提倡重拎布袋子、菜篮子，使用节水器具和节能电器，减少电器待机时间，拒绝过度包装，选用无磷洗衣粉，自觉一水多用等节能环保的新生活方式。

经过一年的努力，在市妇联、环保、档案等部门的直接领导和热情指导下，全市各界妇女和广大家庭积极响应，建立和推广节能减排家庭档案在广大社区居民家庭中悄然成风，开始成为沈阳市家庭节能减排工作的日常内容，有 130 万户家庭接受了节能减排知识培训、5 万户家庭建立了节能减排档案，制作家庭能源使用表、家庭节能减排统计表、节能减排大事记、家庭节能减排实用指南、家庭节能减排票据夹。

2009 年 7 月 10 日，全国节能减排家庭档案交流研讨会在沈阳市举行，出席会议的代表对节能减排家庭档案给予了很高的评价，认为节能减排家庭档案简单易行，便于推广，这些经验将为各地社区和家庭节能减排宣传教育工作提供很好的借鉴，为不断丰富绿色家庭和绿色社区创建活动的内涵积累了实践经验，使绿色家庭和绿色社区创建活动真正成为以人为本的民心工程，是环保部门与妇联密切合作，将绿色家庭和绿色社区两项创建活动结合起来，加强交流、共同分享成果取得的好经验，是推动居民生活方式向环境友好型转变，迎接低碳时代的科学实践。

三、推广社区废品银行

要增进社会低碳经济，就要激励全社会广泛参与。建设“社区废品银行”，就是通过建立居民能够就近参与的低碳减排渠道，开拓基层社会低碳经济途径。

南京市江宁区东山街道外港社区是一个新型社区，辖区中的21世纪假日花园小区常住625户，因管理条件特殊，在街道办事处协调下，由社区居委会成立了物业服务公司，为开设废品银行提供了有利条件。2008年下半年，江苏省环境保护宣传教育中心几次与区环保局、街道办事处、社区居委会筹划，充分利用外港社区的现有条件，试点开办社区废品银行，探索社区可操作的低碳经济模式。

所谓“社区废品银行”，是参照银行的运作模式，建立账册和存折，注明册折编号、户主姓名、楼幢号牌、交易日期、废品类别、收入/支出/结余金额和经办人等，居民将家中可回收的废旧物品，以市场价进行变卖后登记在册，积少成多，零存整取。

为保证试点顺利进行，废品银行由物业管理处主任兼任行长，再配两名工作人员负责具体操作，并在小区较为偏僻的地方空出两间地下室，一间作为办公室，另一间用于分类回收废旧物品，这样既可以存储废品，又避免产生二次污染扰民。废品银行设立后，向居民发出了一封公开信，列出旧报纸、纸盒、塑料瓶、铁铜器等属于可回收的废品，告知联系电话、营业时间和即时价格，交易既可定点收购，也可上门收购；营业额既可一次性支取，也可累计冲抵物业管理费。

废品银行自2009年4月开业到12月，储户逐月递增，从7户发展到58户，占常住户9.2%，收购废旧报纸1 200千克，纸箱900千克，塑料瓶580个，易拉罐320个，产生经营额约1 800元，充抵物业费435元，充抵公摊电费55元。

废品银行运行后，居民普遍反映维护了小区的治安，推进了绿色社区的长效管理。之前，经常有收购废旧物品的小贩在小区里进进出出，居民堆放的有用物品不翼而飞；之后，既方便居民们变卖废品，也保障了小区的安全。废品银行运行后，还鼓励了物业服务公司共建绿色社区。收缴物业费一直是很多物业服务区域内物管与业主之间普遍存在的矛盾，通过累计可回收废旧物品交易金额冲抵物业费，提高了物业费的收缴率，一定程度上化解了缴纳物业费的矛盾，物业与居民双实惠。更主要的是废品银行运行后，从资源循环利用、经济既得利益的角度，引导居民进行垃圾分类，有效地促进了居民参与低碳减排。

归纳起来看，建设社区废品银行的目的：一是从资源循环利用的途径推进绿色社区长效管理；二是引导居民家庭进行垃圾分类，提高居民减少污染排放的低碳意识；三是从低碳经济的角度鼓励物业服务公司参与绿色社区共建，在一定程度化解缴纳物业费的矛盾。建设社区废品银行的方法：首先是社区居委会要向物业服务公司介绍建立废品银行的意义，引导物业服务公司主动建立社区废品银行；其次是物业服务公司选择建立废品银行的地点既要便于废品交易，又可以短时间储存废品，还要方便废品转运，并且不产生二次污染；再次是分别要有专人管理废品交易账目和整理储存的废品，并建立交易金额出纳账及废品出入登记簿；最后是做好废品分类堆放标识，主要是报纸、废纸、塑料、废铁等。保证社区废品银行的运行：一是社区废品银行的管理人员要及时掌握报纸、塑料瓶等可回收废品的市场交易行情，以不低于市场的价格与居民进行交易；二是向居民家中散发宣传单，告知居民在废品银行交易可回收废品的种类、方法、地点、时间；三是居民将家中可回收的废品在废品银行进行交易后，尽可能不支付现金而计入出纳账，利于冲抵物业费，这种交易方式更能体现社区废品银行的内涵，居民收集少量废品多次进行交易，并将所得计入储蓄折，零存整取，一次性支付年度物业管理费。

四、开展闲置物品交换

随着循环经济理念的深入人心，在社区开展家庭闲置物品交换这几年逐步得到认同，开展的范围越来越大，开展的形式多种多样，有“爱心超市”、“闲置物品交换会”、“跳蚤市场”等，为居民低碳行为，家庭低碳生活，社区低碳行动，社会低碳经济提供了一条值得推广的途径。

社区居民家庭闲置物品交换的具体做法：一是由社区居委会广泛宣传发动，将交换的方法、交换的物品、交换的时间、交换的地点公告居民，有条件的社区可印制宣传单散发到居民家中。二是在居委会建立登记簿，由专人负责登记居民申报交易的物品，并将交易物品分类。三是当交易物品登记到一定数量后举办交易会。交易会要分区，一般按儿童用品、家用电器、工艺品、健身器材、文具书籍、服装、粮油等分区，便于居民选择交易。要特别注意服装和粮油是家庭多余但又未开封的，只有这样要求才能保证健康卫生。交易后多余的闲置物品，可以对社区困难家庭进行爱心捐赠，将闲置物品交换与爱心扶贫扶困捐助相结合，起到综合性的社会公益效果。

苏州工业园区跳蚤市场是借鉴国外经验，在中国举行最早、规模最大的活动。通过这项活动，让更多的闲置资源得到了充分利用，也让循环经济、节约型社会等概念深入人心。自园区新城花园社区举办第一次跳蚤市场活动以来，园区由政府组织的大型跳蚤市场活动已近 40 次，社区自发组织开展的更是难以统计。经过园区环境保护局几年来的不懈推广，园区的跳蚤市场活动已经发展成为居民、企事业单位的一项常规性活动，更成为园区构建资源节约型、环境友好型社会不可或缺的生态文化组成部分。

五、建设社区碳汇林

在2009年联合国气候变化峰会上，中国政府向世界做出了“大力增加森林碳汇，争取到2020年森林面积比2005年增加4 000万公顷，森林蓄积量比2005年增加13亿立方米”的庄严承诺，使发展林业成为应对气候变化的国家行为。近10年来，国家投资700亿美元发展林业，其中人工造林居世界第一位。

生长在大自然中的树林不仅能美化环境，更能净化环境，具有吸收有害气体和杀菌的作用。据科学测定，一公顷阔叶林每天可吸收1 000千克二氧化碳，释放730千克氧气，可供近千人一天的呼吸需氧量。参见中国台湾的科研数据，常见植物以40年为一个统计分析周期，从表格中植物种类与每平方米二氧化碳固定量之间的吸纳关系，便可理解为什么早在1889年，美国“花园城市运动”创始人之一埃比泽·霍华德就意识到绿色植被在城市建设中的地位，出版的《明日的花园城》在欧美产生了轰动效应。1911年，澳大利亚兴建堪培拉时，大胆打破传统格局的观念，采用森林城市方案，绿地占市区总面积的58%，人均公共绿地70平方米。1935年莫斯科开始规划建设森林城市，有8条宽阔的绿色林带与市内84个大公园、100多处小公园相连结。而在战争废墟上重建起来的朝鲜首都平壤有“公园中的城市”美称，绿化面积达80%，人均绿地面积58平方米。

植栽种类	CO_2固定量/kg
阔叶大乔木	808
阔叶小乔木、针叶木或疏叶形乔木	536
大棕榈	410
灌木	217
多年生蔓藤	82
草花花圃或高径野草地	46
一年生蔓藤或低径野草地	16

20世纪后期，中国居民也开始意识到社区碳汇林建设的重要意义，曾经在北京市怀柔县雁栖湖畔举行了我国第一处“伊甸园·幸福林”大型婚庆植树活动，有200对新婚、银婚和金婚夫妇参加林木种植。在江苏省南京市风景秀丽的紫金山南麓新建的梅花山庄住宅区，首期180户举行了新颖的入住仪式，每家在拿到钥匙的同时于楼前植下一棵桂花树。到21世纪的2002年，由全国绿化委员会和首都绿化委员会共同举办的“共建绿色家园——共和国部长义务植树活动”连续在北京市开展了9年，先后有1 600多人次部级领导参加，共栽种各种树木17 540余株，建成9处共和国部长纪念林。

2008年，国家环境保护部宣传教育中心、江苏省环境保护宣传教育中心与美国环保协会中国项目办在联合开展社区千家碳排放调查的同时，用居民家庭通俗易懂的“今天种棵树，明天吸口氧”的口号引导建设社区碳汇林，实施家庭碳中和，抵消居民碳排放。

（1）种植纪念林，传播家庭碳中和理念。统计分析显示，常住人口数量与碳排放量相关程度很高，每增加一个常住人口，年碳排放量要增加约1 207千克。为宣传家庭碳中和理念，2008年11月9日主办单位在南京市梅苑社区举行了“社区千家碳排放调查纪念林”栽种仪式，投入1万元种植了红枫、垂丝海棠、樱花、香楠、海桐球、桂花等7类品种的树木，39户家庭与居委会签订了认养协议，每棵树木上挂的认养牌注明树种和认养家庭门牌号码。一年多来，在社区物管专业人员的指导下，认养家庭适时为树木浇水、除草、施肥，使其茁壮成长，特别是8幢702室一家认真履行认养协议，女儿常在放学后去与小树比个子，还带着小朋友到纪念林参观，告诉同学们纸的原料是木材，浪费纸就等于在浪费木材，间接地破坏了碳中和。

（2）扩大碳汇林，宣传家庭碳中和理念。为引导更多的社区和家庭参与碳中和，2009年11月9日，主办单位在举办“人人齐行动，减缓碳排放——绿色出行看世博”江苏环保联合行动现场，发布了家庭交通能耗碳排放量在家庭碳排放总体结构中的比例，以及交通出行碳排放结构中小汽车出行碳排放量的比例，同时在南京市邵圣社区和沿河社区参加两年调查的典型户中各挑选 10 户，分别代表绿色家庭和绿色社区组成绿色出行方阵，携带碳中和捐款箱骑行到南京市玄武区锁金村街道新庄社区，与绿色机关、绿色学校、绿色企业代表共同种植“绿色出行看世博碳汇纪念林”，纪念林中的 40 棵桂花、广玉兰、紫荆花、石榴等树木同样被社区家庭认养，同时签约种植的园林公司还分春、夏、秋、冬四季针对认养家庭举办护绿讲座，普及碳汇林常识，对初栽未活的树木进行补种，对养护不当死亡的树木，指导认养家庭补绿，这样在南京市由家庭碳排放调查引导建起了一南一北两个社区碳汇林示范点。

（3）试点自助绿化，普及家庭碳中和理念。随着调查研究的不断深入，主办单位逐渐明晰了由调查开始，到减少碳排放，进而碳中和是一条推动居民家庭低碳减排的可行之路，而自助绿化、绿地认养、落叶（厨余）堆肥、雨水收集浇灌这条绿色链，则是发动居民家庭建设社区碳汇林的经济、便捷、实效方法。2009 年 6 月，在第二轮调查开始的同时，主办单位在常州市钟楼区五星街道勤业第一社区选择了 6 幢居民楼，在庭前院后及阳台开展自助绿化试点，并在居民养花爱好者中挑选 30 多人成立了“绿化维护志愿队”，当年底，全社区以不同形式参与自助绿化的居民已近 50%，特别是 20 幢的吴兴大，95 幢的蔡福全、44 幢的韩秀英、22 幢的毛剑平等家庭，都将自己庭前院后原先荒芜的地面，精心培育为三季有花、四季常绿的小花园，起到了很好的示范带头作用。同期，完成公共绿地增绿补绿近 1 200 平方米，新种植茶梅、红枫等树木 80 余棵，月季、美人蕉等各类花卉 600 余株，居民阳台绿化植物新增 1 000 余盆，形成地面与阳台立体绿色的格局，参与的家庭相互交流体会时说：过去养花种树只是个人爱好，自娱自乐，修身养性，现在才知道树木能够吸收二氧化碳，通过家庭“自助绿化”可以建设社区碳汇林，进而实现区域碳中和。

在建设社区碳汇林的过程中，主办单位还指导社区将“自助绿化”、“绿地认养”、“雨水收集浇灌”、“落叶（厨余）堆肥”这些相关联的碳中和项目结合起来实施，收到了建设生态链的综合效果。

第三节 社区绿色办公

一、社区办公网络化

如今，随着宽带网络和虚拟专用网络的出现，越来越多的人正在选择居家办公这种工作方式，越来越多的单位开始推行远程办公这种运作模式。据国际远程办公协会及理事会进行的研究表明，每个远程办公人员，可以在减少缺勤和稳定队伍的基础上，为单位节省多达 10 000 美元的行政开支，依此进行模拟推算，在一个有 100 名员工的公司里，如果 20 个员工采用远程办公，每年的经费节省潜力可达 20 万美元。英国电信公司的数据表明，一名坐办公室的员工每年要消耗掉 1.6 万英镑的办公费用，而一个远程办公员工只需要 2 500 英镑，较原来减少了 80%。正是这种低成本的行政手段，使得美国早在 1990 年就已经有 360 万人在家里进行远程办公；到 1999 年，美国人在家里办公的人数激增到占成年人的 10%，有 1 960 多万人至少不定期地在家里办公，一些大公司如 AT&T、惠普及 Merrill Lynch 允许部分从事特定岗位的员工在家通过电脑沟通工作，而不一定要本人坐在办公室里，还有一些公司在“工作日”的定义上更加灵活，比如允许每周在家里工作 1 天；而英国国家统计局的数据则显示，2003 年大约有 7.5%的英国人（超过 200 万人）在家里办公，比 2002 年增长了 12%。

远程办公通常也可以称为网上办公。有了这种办公模式，在家里的人们可以非常容易地将公函用电子信件传送出去，哪怕是绕地球大半圈，所需要的时间就和传送到隔壁一样简单，加上远程会议、录像会议和网上商务都同样能够节省时间和能源，降低行政支出，也可以解决交通拥堵和空气质量的问题，部分地减轻城市的大气污染，增进公众健康，促进经济增长，又是一种节能减排，实施低碳经济的新途径。

网上办公就是运用信息技术和通信手段，打破办公机构的行政地域界限，取消传统的手写、腿跑、嘴讲、耳听等作业方式，建构一个电子化的办公环境，使得工作人员既可以将自己负责的内容通过网络传递或公布，又可以从不同的渠道便捷地取用办公机构的信息及服务，提高相关机关的办公效率。

中国是一个行政开支巨大的国家，低碳减排虽然涉及方方面面，但政府应该担当首要责任，社区是最末端的办公路径，自然也应当推行绿色办公。居民、家庭、居委会是同在一个社区里非常松散的结合体，无论是各自的居住地点，还是相互交流的时间，或是汇聚人员行动都有很大的局限性。社区居委会作为基层政府的延伸工作机构，承担了许多职能部门的办公任务，事多人少，要在联系工作、沟通方法、行动组织过程中实现节能减排，网上办公便是一种十分有效的低碳方式。就现代社区居委会而言，办公条件与 20 世纪相比有了很大的改观，从人员素质到电子设备多数已经具备了网上办公的能力。因此，积极引导社区推进网络化绿色办公，是在最基层的社会结构中，从处理公务的过程上实施低污染、低排放、低能耗的低碳经济。

网上办公一般可分为两部分：一是互联网应用。办公机构在因特网上建立站点，提供对外发布信息的渠道，开放面向社会公众的信息，用于传播和宣传多种资讯，构架办公机构之间的桥梁，沟通相互之间的联络，对焦点及热点问题进行准确和及时的通报，这一部分多见于政务公开，通常是某一政府机关网上办公的常用形式。从这些特性来看，这种方式可以作为社区居委会与居民家庭、特别是社区环保志愿者、社区环保志愿组织之间网上办公的常用形态。二是内部网应用。构筑内部信息网，建立管理信息系统和办公自动化系统，从而实现加强部门、人员之间的协调、协作和交流的目的，更有效地获取信息、共享信息，更快地反馈情况，进而建立联机数据库查询系统、多媒体应用系统、领导决策支持系统，这一部分多用于因某一工作而互相发生关系的群体，这些工作既可以是本单位内部的，也可以是相关单位之间的。因此，这种方式可以在区（县）环境保护局与街道办事处、街道办事处与社区居委会，以及社区居委会相互之间采用。无论是互联网还是内部网都有一个共同的特点，就是在某个静态的办公位置，通过网络向 N 个动态的工作面交流信息，达到预定的工作目标。简单地说，就是某一工作人员在自己的办公室，通过网络既可以接受上级甚至上几级领导的指示，又可以与相关人员交流信息，还可以向隶属单位布置任务，而完成这些繁杂的工作都不受时间和地域条件的限制。

社区网上办公的方法有：

（1）传递信件 E-mail。社区居委会采用这种方法应在建立社区环保志愿组织、绿色家庭、社区环保志愿者名录时登记电子信箱，在发信时添加要编辑的文档作为附件，这样便于收件人在打开电子信件的同时查看附件内容，可以使工作基本做到同步进行，而且在遇到问题时也可以通过 E-mail 来交流。

（2）即时通讯 MSN 和 QQ。社区居委会采用这种方法可以通过即时信息收发、网络寻呼、聊天室、传输文件、手机短消息等一系列的网络在线服务功能，从己方链接到 Internet，然后登录 MSN 或 QQ，点击另一方进行工作，这是目前网上办公中使用最多也最为常见的一种方法。

（3）交流看法 BBS。当社区居委会与环保志愿组织、绿色家庭、环保志愿者交流的文字量比较大，而且需要即时通讯时可以借助这种电子黑板报形式进行网上办公。

（4）消息群发 QQ 群组。社区居委会采用这种方法要先建立一个群组，居委会设立群主，依次分类添加社区环保志愿组织、绿色家庭、社区环保志愿者到指定群组，分类群组设立管理员，在需要群发通知时，由群主或管理员右键单击该组就可以实现，或去群内发公告。

（5）远程控端 pcAnywhere。当社区居委会或社区环保志愿组织派出骨干参加培训会议或研讨交流时便可以采取这种方法，将重要文件存在办公室电脑中，身处异地的办公人员只要事前在两地电脑中安装并运行该软件，形成主控端与被控端，便可以使用被控端上的程序向主控端传递文件，效果很类似在随身电脑中存取文件。

（6）网络会议 NetMeeting。社区居委会由于受到办公场地的限制便可以采用这种方法，同时约集社区环保志愿组织、绿色家庭、社区环保志愿者的有关人员，通过网络召开碰头会，如同当面商议工作。

（7）视频传输 VideoLink。如果社区居委会需要召集环保志愿组织负责人、绿色家庭和环保志愿者代表召开专题会议，而许多需要参加会议的人员又分散在各个小区，通过该软件加上普通电话线，即可用视频和音频举行会议。

（8）传递文件 FTP。用 FTP 传文件和上述方法有所区别，它是将编辑完的文档上传到指定的 FTP 服务器上，异地办公人员通过登录 FTP 服务器下载该文件以便继续编辑，社区居委会采用这种方法的最大好处是可以跨越不同网络间的防火墙，实现文件的异地交换。

二、社区办公自动化

1. 办公自动化（Office Automation，OA）是信息化社会的重要标志之一

办公自动化是 20 世纪 70 年代中期，在发达国家迅速发展起来的一门综合性技术，我国在 80 年代末也开始起步。它将人、计算

机和信息三者结合为一个办公体系，以计算机为中心，采用一系列现代化的办公设备和先进的通信技术，构成一个服务于办公业务的人机信息处理系统。它通过广泛、全面、迅速地收集、整理、加工、存储和使用信息，使办公系统内部人员方便快捷地共享信息，高效地协同工作，改变过去复杂、低效的手工办公方式，为科学管理和决策服务，从而达到提高行政效率的目的。其实质就是用信息技术把办公过程电子化、数字化，创造一个集成的办公环境，使所有的办公人员都在同一个桌面环境下，一起使用先进的机器设备和技术，充分利用各种办公信息资源，使办公业务从事务层进入管理层，甚至辅助决策层，将办公和管理提高到一个崭新的水平，更好地为提高执政能力，建设生态文明，发展低碳经济服务。

办公自动化不仅兼顾个人办公效率的提高，更重要的是可以实现群体协同工作。协同工作意味着要进行信息的交流，工作的协调与人员的合作。由于网络的存在，这种交流与协调几乎可以在瞬间完成，并且不必担心对方是否在电话机旁边或是否有传真机可用。这里所说的群体工作可以包括在地理上分布很广，甚至在全球东南西北方，因时差导致的工作时间都不一样的一群工作人员。

社区办公自动化可以简单地理解为以社区居委会为核心形成的一个办公群体，围绕这个群体的居委会工作人员及办公室、社区环保志愿组织及工作室、绿色家庭和环保志愿者及家用电脑结合成一个办公体系，通过电脑与网络实现社区办公信息处理。

推行社区办公自动化需要强调三点：

（1）运用先进的科学技术和现代办公设备实现 OA。

（2）需要建立办公人员和办公设备构成的人机信息处理系统。

（3）提高办公效率和质量是 OA 的目的，切不可图有办公自动化虚名，闲置大量的电子办公设备，这样不仅不是发展低碳经济，反而增加了电子垃圾，污染环境。

2. 社区办公自动化的主要功能

（1）建立内部通信平台。也就是建立街道办事处、社区居委会、社区环保志愿组织这样一个办公群内部的邮件系统，使内部的信息交流快捷通畅，这些通信既可以是对话式的工作沟通，也可以为千言万语的文件传达整体工作思路。

（2）建立信息发布平台。在社区办公群内部建立一个有效的信息发布和交流的场所，例如电子公告、电子论坛、电子刊物，使内部的规章制度、新闻简报、技术交流、公告事项等能够得到广泛的传播，使工作人员能够适时了解社区环保工作的发展动态。

（3）实现工作流程的自动化。将社区办公群内部存在的流程化的文件收发、公文处理、审批、请示、汇报等，通过实现自动化来规范，以提高协同工作的效率，特别是针对社区办公群人员比较分散的态势，用传统的模式处理一份公文，可能因相关方面不能面谈而延误时间，若实现办公自动化就可以轻而易举地解决这个难题。

（4）实现文档管理自动化。将包括文件、知识、信息等各类文档按权限进行保存、共享和使用，并提供方便的查找手段。

（5）实现辅助办公。将会议、物品和资料管理等日常事务性的工作纳入办公自动化范围。

（6）实现信息集成。将办公群里的信息源综合集成，使相关人员能够有效地获得整体的信息，提高反应速度和决策能力。

（7）实现分布式办公。支持街道办事处、社区居委会、社区环保志愿组织等多分支机构，实施跨地域的办公模式以及移动办公，随着社区环保工作的发展，地域分布会越来越广，移动办公和跨地域办公的需求就会越来越高。

（8）实现增资增员。社区居委会开展现实工作的两大困境是缺钱缺人，在区（县）政府、街道办事处进行一次性自动化办公设备投入的基础上，通过社区办公自动化，可以减少日常性办公开支，同时也拓展了人员的工作面，是节能减排意义上的增资增员。

3. 办公自动化的技术层次

第一个层次是事务型 OA 系统。只限于单机或简单的小型局域网上应用，最为普遍的有文字处理、表格填报、电子排版、人事管理、财务统计、文件收发登录、电子文档管理、办公日程管理和个人数据库等。

第二个层次是信息管理型 OA 系统。随着信息利用重要性的不断提高，在办公系统中对与本单位工作目标关系密切的综合信息的需求日益增加，如社区居委会要申报绿色社区，就可能需要宣传、环境、信访等内设部门相关的许多信息，再如社区居委会要处理一项交叉着环保、卫生、绿化等几个内容的工作就需要相关单位的信息，信息管理型 OA 系统就是把事务型 OA 系统与日常工作所必需的综合信息，紧密结合为一体化的办公信息处理系统。

第三个层次是决策支持型 OA 系统。它建立在信息管理型 OA 系统的基础上，使用由综合数据库系统所提供的信息，针对所需要做出决策的课题，构建或选用决策数字模型，结合有关内部和外部的条件，由计算机执行决策程序，作出相应的决策。

4．办公自动化系统是人机信息系统

办公自动化技术与管理科学、行为科学、组织理论等相融合，贯穿到办公活动的各个方面，并对这些方面产生一系列影响之后形成的系统，就是办公自动化系统，其目的是尽可能充分利用信息资源提高办公质量和办公效率。办公自动化系统既然是一种人机信息系统，就具有一般信息系统的共性，由于办公过程和办公活动具有不确定性，人在系统中应始终处于主导地位，办公的主体是办公人员，设备只是服务于人的技术手段。办公自动化系统是一个开放式的系统，在设计和建立系统时，应充分考虑与社会环境的链接。办公自动化系统的功能与办公室自动化的功能概念上的差别在于：办公室自动化功能通常指办公室中配备具有自动化功能的电子设备，这些设备能使某些办公活动自动化，或实现某个单位业务的自动化处理；而办公自动化系统则是在办公室自动化功能的基础上发展起来的，以办公自动化技术为主体，与个人、组织、制度、环境等相结合的完整的系统。建立办公自动化系统后，人的办公活动和社会组织的办公过程就离不开设备的运行，而是与其结合在一起形成一个统一的系统。建立办公自动化系统的目的并不单纯地减少办公人员，而是在提高办公质量和办公效率的基础上，通过各种决策模型及时提供辅助决策的信息，以实现科学管理和科学决策，同时也间接地发展了低碳经济。

三、社区文档电子化

在党政机关和企事业单位中，每个部门都有大量的文档，社区居委会虽说是自治组织，但由于要完成多个政府职能部门的工作内容，同样需要建立一定数量的台账资料。在手工管理的情况下，这些文档都因不同工作性质分属具体工作人员而保存在每个人的文件柜里，例如分管环境的与分管社保的就会各自建立文档，因此，文档的保存、共享、使用和再利用相对比较困难。另外，在手工管理的情况下，文档的检索存在非常大的难度，文档多、存放杂，有的文档虽然集中管理，但保管员不清楚文档类别，只是按年度或部门笼统归纳，甚至按文件柜编号堆放，加之社区居委会工作人员变动快，导致需要使用的材料不能及时找到，甚至找不到。

办公自动化使各种文档实现了电子化，通过电子文件柜的形式保管文档，按权限进行使用和共享。比如，某个社区居委会已建立电子文档，新来了一位工作人员，管理员只需给他注册一个身份文件，并告知他口令，只要他的身份符合权限可以阅览的范围，他自己上网就可以查到这个居委会积累下来的文件，这样就减少了很多人为设置的环节，解决了多岗位、多部门在文档之间高效协同工作的难题。

有助于实现社区文档电子化的常用方法：

1. 通过电子邮件使来往图文电子化

电子邮件（Electronic mail），又称电子邮政，简称 E-mail，标志：@，是一种用电子手段传送信件、资料、报表等信息的通信方法。它综合了电话通信和邮政信件的特点，传送信息的速度和电话一样快，又能像信件一样使收信者在接收端收到文字记录。电子邮件系统又称基于计算机的邮件报文系统，它承担从邮件进入系统到邮件到达目的地为止的全部处理过程，不仅可利用电话网络、电视网络，而且可以利用移动通信等任何通信网络传送。通过网络的电子邮件系统，社区办公群的人员可以用低廉的价格：不管发送到哪里都只需负担电话费和网络费即可，以非常快速的方式在几秒钟之内发送到世界上任何指定的目的地，这些电子邮件可以是文字、图像、声音等。电子邮件还可以进行一对多的邮件传递，同一邮件可以一次发送给许多人，许多不同邮件也可以从不定地点同时发送给一个人。最重要的是，电子邮件是整个网络间，以致所有其他网络系统中，直接面向人与人之间信息交流的系统，它的数据发送方和接收方都是人，所以极大地满足了大量存在的人与人通信的需求。正是由于电子邮件的使用简易、投递迅速、收费低廉、易于保存、全球畅通无阻，使得电子邮件被广泛地应用，使人们的交流方式得到了极大的改变。

2．要收发电子邮件就要有电子邮箱

电子邮箱要根据不同的目的，有针对性地选择。如果需要经常与国外收发邮件，可使用国外的电子邮箱，比如 Gmail，Hot mail，MSN mail，Yahoo mail 等。如果是想当做网络硬盘使用，经常存放一些图片资料等，就应该选择存储量大的邮箱，比如 Gmail，Yahoo mail，网易 163 mail，126 mail，yeah mail，TOM mail，21CN mail 等。如果经常需要收发一些大的附件，Gmail，Yahoo mail，Hot mail，MSN mail，网易 163 mail，126 mail，Yeah mail 等都能很好地满足要求。若是想在第一时间知道新邮件，则可使用中国移动、中国联通和中国电信的邮箱，当有邮件到达时会有手机短信通知。如果只是在国内使用，选择 QQ 邮箱能发送即时消息。选择支持 POP/SMTP 协议的邮箱，可以通过 outlook，foxmail 等邮件客户端软件，将邮件下载到硬盘上，这样就不用担心邮箱的大小不够用，同时还能避免窃取密码偷看信件。另外，还可以根据所在区域选择地方性的邮箱，比如，北京可以选择千龙网邮箱，广州可以选择 21CN 邮箱。使用收费邮箱要注意邮箱的性价比，目前网易 VIP 邮箱、188 财富邮箱都很不错，提供多种名片设计方案非常人性化。也可以使用宽带服务商提供的邮箱，比如，铁通用户可以选择 68CN 企业新时速邮箱。关于邮箱支持发送接收附件的大小其实有一个误解：认为一定要大，一般来说发送一些资料附件都不超过 3MB，附件大了可以通过 WinZIP、WinRAR 等软件压缩文件以后再发送，现在的邮箱基本上都支持 4MB 以上的附件，知名的邮箱已提供超过 10MB 的附件收发空间。还有一个不容忽视的问题是发件邮箱支持大的附件，收件邮箱如果不接收大的附件也毫无意义。

3. 网络传真可以使文档原件电子化

网络传真是一种新兴的传真通讯方式，它将互联网与电话、传真机、打印机相融合，不需另置硬件设备和安装终端插件，依靠互联网发送传真。使用网络传真，社区办公群的人员可以通过网络将各种电子文档方便快速地发送到全球各地的传真机上，或把书面文件通过传统的传真机发送到电脑上，而群发功能还能实现同时间多地址发送，提高办公效率。网络传真既可以保存传真内容，也可以查询发送记录，还可以保留对方印章，作为有法律效用的办公凭证，更重要的是改变了传真机对传真机的传统运作方式，在计算机遍布办公室和家庭的时代，节约了操作设备、办公经费和纸张，使传真告别用纸化时代，实现无纸化办公，让社区办公室变得更环保。

4. 通过政府门户网站可以搜索有关政策文件并使其电子化

政府门户网站是指在各政府部门的信息化建设基础上，建立起跨部门的、综合的业务应用系统，使公民、企业与政府工作人员都能快速便捷地接入相关政府部门的业务应用、组织内容与信息，并获得个性化的服务，它的建立有赖于各政府部门已有的信息化基础条件。但是，这种基础条件并不一定要求各政府部门已经实现了网络化办公，政府部门只要具备完善的内部办公与业务信息化管理应用系统即可。政府门户网站不仅是政务信息发布平台和业务处理平台，而且也是知识获取平台、知识加工平台、知识决策平台的集成，它使政府各部门办公人员之间的信息共享和交流更加流畅，通过数据挖掘、数据加工而使零散的信息成为知识，为行政决策提供充分的信息和知识支持。所有的政府门户网站都是政府网站，但并不是所有的政府网站都是门户网站。而且，政府门户网站意义上的“政府”的含义，已经不再是传统意义上的“政府机构”了，它已经超越了现有的物理政府机构，成为一种虚拟的“超级政府”。社区居委会通过政府门户网站搜索下载有关文件，得到的自然是电子化文档，例如某个社区被命名为绿色社区，或某个家庭被表彰为绿色家庭，居委会便可以从政府环保网站搜索下载命名表彰文件，保存的即是电子化文档。

第四章　文件汇编

关于开展全国“绿色家庭”评选表彰活动的通知

（妇字[2005]16号）

各省、自治区、直辖市妇联、环保局（厅），新疆生产建设兵团妇联，中直机关、中央国家机关妇工委，解放军总政治部，武警部队政治部：

2003年6月，全国妇联和国家环保总局联合发出《关于开展“绿色家庭”系列宣传活动的通知》以来，各级妇联和环保部门积极行动，组织动员广大妇女和家庭从我做起、从身边做起，投身环境建设和环境保护事业，取得了较大的成绩。为进一步深化这一主题宣传教育活动，根据计划，全国妇联和国家环保总局决定在各地开展活动的基础上，联合评选表彰一批全国“绿色家庭”，以典型的示范作用影响和带动全民环保意识的提高。现就有关事宜通知如下。

一、评选条件

1．家庭成员具备可持续发展观念和较强的环境意识，响应政府号召，积极参与环境保护工作和全国“绿色家庭”创建活动。

2．家庭成员具有良好的公共环境道德和日常生活习惯，家庭生活方式科学、文明、健康，家庭整洁卫生，环境宜人，自觉遵守社会公德，维护公共环境。

3．家庭成员具备一定的环境知识，并将其自觉运用到日常生活中。如自觉抵制白色污染，注重绿色消费；自觉节约资源，积极利用环保性能源；积极进行家庭废物分类回收；自觉抵制污染环境的各种生活用品等。

4．家庭和睦，邻里团结，热心宣传环保，积极参与各种环保活动和生态建设。

5．关心环境质量，监督环境违法行为，在保护生态环境、促进人与自然和谐发展方面作出了突出贡献。

二、评选办法

1．由全国妇联和国家环保总局有关负责同志组成本次评选活动委员会，各省、自治区、直辖市妇联和环保局在各地“绿色家庭”系列活动的基础上，联合向评委会推荐符合条件的家庭，由评委会对推荐的家庭进行审定。

2．本次活动将评出 100 个全国“绿色家庭”，根据各地参与全国“绿色家庭”系列宣传活动的实际情况确定推荐名额。名额分配见附表。

3．文字推荐材料 1 500 字以内，一式两份，尽量附影像资料。要求事迹突出感人，文字鲜活生动，具有一定的典型性。请于 2005 年 4 月 30 日前报全国妇联宣传部文化处。

地址：北京建国门内大街 15 号

邮编：100730　电话：010-65103158　65103160　传真：010-65103157

4．评选结果将于 2005 年世界环境日前后揭晓，并将在中央有关媒体上公布。主办单位还将与中央电视台合作制作专题节目，举办表彰和颁奖活动。

附件：全国“绿色家庭”评选表彰活动名额分配表。（略）

2005 年 4 月 4 日

关于表彰全国“绿色家庭”的决定

（妇字[2005]16号）

由全国妇联和国家环保总局联合开展的“绿色家庭”系列宣传活动是全国绿色创建活动的重要组成部分。自2003年开展以来，各级妇联和环保部门高度重视，全国亿万家庭踊跃参与。各地以“倡导绿色生活，营建‘绿色家庭’”为主题，因地制宜地开展为广大家庭喜闻乐见的活动，大力普及环境知识，倡导科学、文明、健康的生活方式，并结合实际制定“绿色家庭”标准，进一步调动了广大群众参与环境保护的积极性，增强了广大家庭成员的环境意识，涌现出了一大批从我做起、爱惜资源、保护环境的先进家庭。

为了激励在“绿色家庭”系列宣传活动中表现突出的家庭，全国妇联和国家环保总局决定授予李长林等100户家庭全国“绿色家庭”荣誉称号。希望获得全国“绿色家庭”称号的家庭再接再厉，以更加强烈的责任感和更加高涨的热情，继续投身创建“绿色家庭”活动，将环境意识和环保行为融入日常工作、学习和生活中，积极建立科学、文明、健康的生活方式，并带动更多的家庭和群众参与到营建“绿色家庭”这项利国利民的活动中来。希望全国亿万家庭向获得全国“绿色家庭”称号的家庭学习，进一步提高环境意识，发挥家庭在环境保护中的积极作用，在全社会倡导绿色生活方式，为构建社会主义和谐社会贡献力量。

附件：全国“绿色家庭”名单

全国妇联　国家环保总局

2005年5月25日

附件：

全国“绿色家庭”名单

北　京	李长林家庭	唐锡阳家庭	张　妍家庭	林凤英家庭
天　津	王瑞琴家庭	王铁柱家庭	任春喜家庭	
河　北	李艳华家庭	顾丹凝家庭	王亚明家庭	李春彩家庭
山　西	郭秀琴家庭	余晓兰家庭		
内蒙古	陈育男家庭	丁鹏程家庭		
辽　宁	吴洪范家庭	姜艳华家庭	吕殿录家庭	
吉　林	刘林林家庭	金贞福家庭		
黑龙江	陈士珍家庭	朱卫锋家庭	苏凤舞家庭	王志红家庭
上　海	王荫芳家庭	陈凤英家庭	吴兴荣家庭	
江　苏	李玉华家庭	刘鲁平家庭	陈洪波家庭	
浙　江	杨章耀家庭	张炳树家庭	朱受安家庭	张　彦家庭
安　徽	杨文占家庭	侯明乔家庭	张雪美家庭	罗仰民家庭
福　建	李　蓉家庭	朱江兴家庭	高玉清家庭	
江　西	钟检娣家庭	罗　珏家庭	刘光怀家庭	王雪梅家庭
山　东	王　成家庭	贾领娣家庭	邱秀珍家庭	
河　南	田桂荣家庭	金人海家庭	卢爱君家庭	李爱丽家庭
湖　北	生鸿飞家庭	郭少荣家庭	韩福森家庭	史慧敏家庭
湖　南	王国凯家庭	陈建球家庭	肖求如家庭	
广　东	谢成毅家庭	谭少英家庭	伍少娟家庭	
广　西	欧阳广家庭	罗　家庭	李世新家庭	卓里格家庭
海　南	邢福芬家庭	韦迪兴家庭		
重　庆	田　宏家庭	丁捷婷家庭	蔡佑惠家庭	
四　川	刘双全家庭	谢向东家庭	刘　莉家庭	成　林家庭
贵　州	王伦芬家庭	秦大明家庭		
云　南	张峰屹家庭	王明辉家庭	赵存玲家庭	尹　俊家庭
陕　西	尹志琴家庭	李　迎家庭	魏　琦家庭	

甘　肃　马文博家庭　李正林家庭

青　海　张彦杰家庭　巴　拉家庭

宁　夏　谢　强家庭　潘　军家庭

新　疆　玉山·艾合买提家庭　吐地汗家庭

新疆生产建设兵团　于文华家庭　张永洲家庭

中直机关　陈建辉家庭　金光伟家庭

解放军　韩文芝家庭　张　沁家庭

武警部队　李玉坤家庭　刘广政家庭

关于开展全国“绿色家庭”资源节约行动的通知

（妇厅字[2005]23号）

各省、自治区、直辖市妇联，环保局（厅）：

在地方各级妇联和环保部门的大力支持和积极参与下，全国妇联和国家环保总局从2003年起联合开展的“绿色家庭”系列宣传活动取得了良好的社会效果。当前，我国经济社会发展进入了新的历史阶段，党和国家作出了加快建设资源节约型、环境友好型社会这一具有全局性和战略性的重大决策。为了贯彻落实党的十六届五中全会精神和中央关于建设节约型社会的重要部署，进一步深化全国“绿色家庭”系列宣传活动，全国妇联与国家环保总局决定联合开展全国“绿色家庭”资源节约行动。

一、指导思想

以“三个代表”重要思想为指导，以党的十六届五中全会精神为指针，全面贯彻科学发展观，落实“十一五”规划，在广大家庭中普及节约资源科学知识，增强广大家庭成员节水、节能意识，积极倡导节约型消费、绿色消费和简约生活方式，树立科学、健康、节约的家庭生活理念，充分发挥广大家庭在建设资源节约型、环境友好型社会中的积极作用。

二、活动主题

积极建设资源节约型、环境友好型“绿色家庭”。

三、活动时间

2005年11月—2007年6月。

四、活动内容

1. 2005 年 11 月，由全国“绿色家庭”向全国亿万家庭发出“建设资源节约型、环境友好型社会从家庭做起”的倡议。

2. 在《中国妇女报》、《中国环境报》等媒体上适时开设简约生活大家谈专栏及有奖征文活动。

3. 利用《中国妇女报》、《中国环境报》各地记者站及联络员网络组织相关报道。

4. 各地妇联可制作招贴画、折页等宣传品，倡导家庭从自己做起，从点滴做起，节能节水，节约用纸，循环利用、回收废旧物品，餐后打包，以步代车，以电子祝福代替贺卡祝福，以手绢和抹布代替纸巾，让环保真正走进家庭生活。

5. 在 CCTV-3 播出全国“绿色家庭”资源节约行动电视特别节目。

6. 2007 年 6 月召开全国“绿色家庭”资源节约行动现场会，推广典型经验，表彰一批资源节约型、环境友好型“绿色家庭”。

五、活动要求

1. 要充分认识全国“绿色家庭”资源节约行动的重要意义。节约资源是我国的基本国策，建设资源节约型、环境友好型社会关系到我国经济社会的可持续发展和中华民族的兴衰。家庭是社会的细胞，建设资源节约型、环境友好型社会必须从家庭做起，因此，各级妇联和环保部门要高度重视家庭在建设资源节约型、环境友好型社会中的重要作用，密切合作，共同做好宣传工作。

2. 要制订具体、详实、可行的工作方案，注重扩大宣传效果。要组织各地“绿色家庭”向社会各界发出节约资源倡议，由家庭成员签名响应，号召广大家庭树立节约资源的环境意识；充分利用全国节能宣传周、全国城市节水宣传周以及世界水日、土地日、环境日等契机，开展节能节水科学知识的宣传普及活动，如开展知识讲座和现场演示活动，发放宣传资料，设计发放节约资源宣传卡和家庭资源节约小账本，倡导家庭成员树立自我监督意识；开展家庭资源节约创意大赛，鼓励家庭成员自己动手设计节约资源的方法、装置等，增强家庭成员的行动意识。

3．要结合实际，突出特色，切实有效地开展活动。由于各地经济文化发展水平不平衡，家庭的环保观念有一定差别，各地可围绕活动主题，结合当地家庭最为关心的家庭环境问题，因地制宜地开展贴近家庭、特色鲜明、丰富多彩的各类宣传活动。

4．要充分运用新闻媒体，营造良好的舆论氛围。要对各地的经验和在活动中涌现出的先进典型进行及时报道，同时，要特别注重信息反馈工作，及时向“绿色家庭”组委会办公室上报活动信息，包括文字、图片、光盘、录像带等，以便更好地交流和组织宣传。

联系方式：全国妇联宣传部 宋立坚 陈卫华 联系电话：010-65103158 65103160

传 真：010-65103157

国家环保总局宣教办 林又槟 联系电话：010-66556058 传真：010-66556056

附件：全国“绿色家庭”资源节约行动宣传口号

全国妇联办公厅 国家环保总局办公厅

2005年11月8日

附件：

全国“绿色家庭”资源节约行动宣传口号

弘扬家庭美德，争做节约型家庭

建设资源节约型、环境友好型社会从家庭做起

珍惜自然资源，保护生态环境

勤俭持家是对环境最好的保护

摒弃过度消费，崇尚简约生活

杜绝华而不实，反对挥霍铺张
减少纸张浪费，提倡电子祝福
节约光荣，浪费可耻
节水节能，造福子孙
简洁包装，利国利民
拒绝使用一次性餐具，大力提倡餐后打包

关于开展第二届全国“绿色家庭”评选表彰活动的通知

（妇厅字[2007]1 号）

各省、自治区、直辖市妇联、环保局（厅），新疆生产建设兵团妇联、环保局，中直机关、中央国家机关妇工委：

2005 年，全国妇联和国家环保总局联合表彰了 100 户全国“绿色家庭”，在全社会引起了强烈反响。为贯彻落实党的十六届六中全会精神，树立社会主义荣辱观和科学发展观，倡导科学、文明、健康的绿色生活方式，进一步发挥每一位家庭成员在建设资源节约型、环境友好型社会中的作用，全国妇联和国家环保总局决定在各地开展活动的基础上，联合评选表彰第二届全国“绿色家庭”，以典型的示范作用影响和带动全民环保意识的提高。现就有关事宜通知如下。

一、评选条件

1．家庭成员具备可持续发展观念和较强的环境意识、节约意识，积极参与社会主义新农村建设，为乡风文明、村容整洁、社区环境保护工作作出了积极贡献。

2．家庭成员具有良好的公共环境道德和日常生活习惯，家庭生活方式科学、文明、健康、和谐，自觉遵守社会公德，维护公共环境。

3．家庭成员具备较丰富的环境知识，善于创意设计，自觉将环境知识运用到日常生活中。

4．家庭和睦，邻里团结，热心宣传环保，积极参与环保活动和生态建设。

5．关心环境质量，监督环境违法行为，在保护生态环境、促进人与自然和谐发展方面作出了一定的贡献。

二、评选办法

1．本次活动将评出 500 个全国“绿色家庭”，名额分配见附表。全国“绿色家庭”人选由各省区市妇联和环保局（厅）在各地“绿色家庭”系列活动的基础上联合推荐产生。

2．各地妇联与环保部门要以推选全国“绿色家庭”为契机，积极动员广大家庭参与“绿色家庭”资源节约行动 DIY 大赛，因地制宜地开展建立资源节约型、环境友好型家庭宣传活动，在层层评选的基础上进行报送。

3．各地在评选过程中要着力于调动广大家庭的参与热情，扩大群众的参与面，采取多种形式积极发现、挖掘鲜活生动的“绿色家庭”典型，报送的典型要求事迹突出感人，具有一定的代表性，在当地有一定影响，能充分发挥示范带头作用。

4．按要求填写推荐表格一式两份，并另附 2 000 字文字材料，要求文字鲜活、生动、感人。如有影像资料可随文字材料同寄。

5．评选结果将于 2007 年世界环境日前后与全国“绿色家庭”资源节约行动 DIY 大赛评选结果一起揭晓，主办单位届时将举办表彰和颁奖活动，并在中央有关媒体上公布。

6．请各省区市妇联于 2007 年 3 月 31 日前将推荐材料报送全国妇联宣传部文化处。

联系电话：010-65103157/58/59/60　传　　真：010-65103157
电子信箱：xwhch@women.org.cn
联系地址：北京建国门内大街 15 号　邮　　编：100730

附件：1. 第二届全国“绿色家庭”评选表彰活动推荐表
　　　2. 全国“绿色家庭”评选表彰活动名额分配表（略）

妇联办公厅　国家环保总局办公厅

2007 年 1 月 22 日

附件 1：

第二届全国“绿色家庭”评选表彰活动推荐表

<table>
<tr><td>户主姓名</td><td></td><td>年龄</td><td></td><td>民族</td><td></td><td>联系电话</td><td colspan="2"></td></tr>
<tr><td>工作单位
及地址</td><td colspan="6"></td><td>邮编</td><td></td></tr>
<tr><td>家
庭
主
要
事
迹</td><td colspan="8"></td></tr>
<tr><td colspan="5">省（自治区、直辖市、新疆生产建设兵团）妇联意见

盖　章
年　月　日</td><td colspan="4">省（自治区、直辖市、新疆生产建设兵团）环保局（厅）意见

盖　章
年　月　日</td></tr>
<tr><td colspan="9">备注：</td></tr>
</table>

关于表彰第二届全国“绿色家庭”的决定

（妇字[2007]22号）

为了贯彻落实党的十六届六中全会精神，全面落实科学发展观，倡导科学、文明、健康的绿色生活方式，进一步发挥家庭在构建社会主义和谐社会，建设资源节约型、环境友好型社会中的重要作用，全国妇联和国家环保总局决定，联合表彰第二届全国“绿色家庭”，授予袁放家庭等468个家庭全国“绿色家庭”荣誉称号。

希望获得全国“绿色家庭”称号的家庭再接再厉，以更加强烈的责任感和更加高涨的热情，继续投身创建“绿色家庭”活动，积极建立科学、文明、健康的生活方式，并带动更多的家庭和群众参与到营建“绿色家庭”这项利国利民的活动中来。

希望全国亿万家庭向获得全国“绿色家庭”称号的家庭学习，进一步提高环境意识，从家庭做起，爱惜资源，保护环境，积极发挥家庭在环境保护中的作用，为构建社会主义和谐社会贡献力量。

附件：第二届全国“绿色家庭”名单

全国妇联　国家环保总局

2007年5月24日

附件：

第二届全国“绿色家庭”名单

北京市

袁　放家庭　肖琳英家庭　刘明绩家庭　王植成家庭

陈忠余家庭 王玉伶家庭 李文忠家庭 李金英家庭
赵连华家庭 代小华家庭 魏庆禄家庭 王 津家庭
陈 洁家庭 艾 军家庭 金九皋家庭 关桂林家庭
朱明华家庭 杨祝军家庭

天津市

纪正伦家庭 曹润生家庭 李建民家庭 刘秀明家庭
刘金芳家庭 杨浩祥家庭 刁桂兰家庭 易柳芳家庭
张炳风家庭 张德存家庭 郝 艳家庭 杜茂珍家庭
柴宝成家庭 王光军家庭 王万和家庭 林祥臻家庭
高宝霞家庭 李连鹏家庭

河北省

丁玉霞家庭 胡景花家庭 于广龙家庭 王玉香家庭
刘 涛家庭 李京生家庭 韩仕瑞家庭 王亚茹家庭
林树营家庭 张全武家庭 陈艳清家庭 孙淑云家庭
李钟模家庭 付淑英家庭 陈景芬家庭 张月明家庭
宋 宏家庭 刘爱翔家庭 李海山家庭 李奎廷家庭

山西省

狄永河家庭 闫玉田家庭 耿黑眼家庭 刘建银家庭
蒋彩玉家庭 谢爱玲家庭 史芳连家庭 张美琴家庭
燕素红家庭 关 云家庭 马振荣家庭 孙红梅家庭
苏云丽家庭 王新力家庭 李建宏家庭

内蒙古自治区

贾改改家庭 香 英家庭 达希苏家庭 薛惠清家庭
陶常禧家庭 许连杰家庭 赵桂琴家庭 崔凤花家庭
乌云斯庆家庭 王敏娟家庭

辽宁省

黄静萍家庭 钱玉贵家庭 苏士杰家庭 张 勇家庭

徐秀兰家庭 扈长艳家庭 魏景帅家庭 何忠林家庭
王绍卿家庭 田桂荣家庭 刘淑芬家庭 张桂荣家庭
罗绍鹏家庭 常艳军家庭 沈玉莲家庭 王桂环家庭

吉林省

周书先家庭 宋恩宝家庭 吴桂霞家庭 于　德家庭
安文莲家庭 逯德真家庭 刘玉华家庭 陈淑娟家庭
刘　俐家庭 金学善家庭 李范权家庭 马凤云家庭
陈艳侠家庭 刘永宏家庭 俞承协家庭

黑龙江省

崔爱茹家庭 李桂艳家庭 李敬来家庭 卢培梅家庭
马丽荣家庭 温荣华家庭 韩忠武家庭 姜君春家庭
王彦钦家庭 朱克锦家庭 史建筑家庭 王明才家庭
靳春田家庭 王振鹏家庭 张庆贵家庭

上海市

唐锦铭家庭 乔秀明家庭 张汉舜家庭 朱淼珍家庭
茹英芬家庭 魏　茵家庭 王韵娜家庭 陈家逸家庭
王惠乾家庭 顾祖根家庭 唐建国家庭 朱九妹家庭
丁小坦家庭 盛道方家庭 周金花家庭 赵美华家庭
董玉芬家庭 丁友德家庭 徐美华家庭

江苏省

郑宏财家庭 赖文英家庭 成同寅家庭 韩国源家庭
钱娟英家庭 孙景洵家庭 潘明康家庭 周脉蓉家庭
曹生宝家庭 叶声才家庭 倪建伦家庭 罗栋生家庭
张一峰家庭 陈大龙家庭 袁振尧家庭 周赵妹家庭
马　浩家庭 陶祖荣家庭 戴　干家庭 刘秀英家庭

浙江省

郭义芬家庭 张永成家庭 王志岳家庭 沈东平家庭

陈加礼家庭 许春弟家庭 梁瑞华家庭 胡亚明家庭
冯德良家庭 梁三宝家庭 张伏花家庭 潘玲玲家庭
盛光荣家庭 张伟义家庭 乐兆荣家庭 杨莲香家庭
马丽红家庭

安徽省

吴 霞家庭 吴见梅家庭 杨朝勇家庭 陈运生家庭
左春琴家庭 方立美家庭 刘显凤家庭 平怀初家庭
张红霞家庭 张志刚家庭 黎晓玲家庭 郑祥洪家庭
卫 霞家庭 王春兰家庭 李才明家庭 徐 燕家庭
柯平仙家庭

福建省

赵秀兰家庭 郭秀文家庭 江 俊家庭 吴碧云家庭
陈垂康家庭 苏香兰家庭 李 青家庭 吴端源家庭
陈国平家庭 范起溧家庭 张 严家庭 李 彬家庭
张亨涛家庭 李立梅家庭 龚阿银家庭 方玉金家庭

江西省

舒春秀家庭 吴英豪家庭 周启珠家庭 雷华珍家庭
李家美家庭 文清梅家庭 童云平家庭 何满秀家庭
黄福英家庭 钟荣秀家庭 吴冬芹家庭 郑磐基家庭
李头英家庭 周海媛家庭 路海波家庭

山东省

李成燕家庭 李少恩家庭 王庆泉家庭 孙本成家庭
孙加红家庭 于丽华家庭 郑和平家庭 谢显正家庭
李凤银家庭 姜成玺家庭 薛春玲家庭 王胜斌家庭
张建兰家庭 齐万端家庭 李雪堂家庭 魏茂森家庭
薛梅英家庭 王广玉家庭 任 丽家庭 李 迎家庭

河南省

罗长虹家庭　李海棠家庭　陆国志家庭　皇甫全志家庭
吴　芃家庭　陈解英家庭　金庆山家庭　胡国权家庭
孔　祥家庭　张宏霞家庭　薛建军家庭　牧　曼家庭
王丽亚家庭　狄小改家庭　李　丛家庭　李贞荣家庭
陈　青家庭　詹玉锋家庭　王增平家庭　任富贤家庭

湖北省

李　琴家庭　汪学林家庭　杨素华家庭　蔡春萍家庭
王兴玉家庭　张琼娥家庭　付修珍家庭　熊华利家庭
陈立君家庭　罗新平家庭　冯晓燕家庭　邱水珍家庭
刘　芹家庭　熊长稳家庭　魏善祥家庭　彭学燕家庭
姚秋玲家庭　吕少清家庭

湖南省

邹昌华家庭　梁辉秀家庭　蒋　科家庭　郑承卯家庭
王春芳家庭　黄建芳家庭　杨友松家庭　杨艳文家庭
朱锦屏家庭　石万华家庭　胡汉民家庭　蒋吉林家庭
张　华家庭　李铁山家庭　赵烈强家庭　吴学能家庭
苏宇贞家庭　李文秀家庭

广东省

姚金彩家庭　李马奇家庭　吕宝军家庭　庄传玉家庭
钟爱明家庭　李贤凤家庭　金美华家庭　开　华家庭
胡远生家庭　刘世会家庭　李茂云家庭　方锐光家庭
邹华兰家庭　敖伟样家庭　陈武汉家庭　苏茂群家庭
梁国添家庭　罗巨兴家庭　谢正逸家庭　陈徐亮家庭
苏伙容家庭　杨胜雄家庭

广西壮族自治区

梁仕永家庭　张艺青家庭　韦福妹家庭　罗正梅家庭
吴志彩家庭　杨振兴家庭　许明林家庭　黎洁容家庭

陈志伟家庭　黄荣春家庭　王世凤家庭　黄丽萍家庭
覃梅华家庭　麻蓝君家庭　廖长杰家庭

海南省

郑永娣家庭　刘惠琴家庭　符女不辶小家庭　陈传斌家庭
沈灿光家庭　王海莲家庭　李树林家庭　邢诒前家庭
王启正家庭　王小勇家庭

重庆市

屈大学家庭　石德银家庭　王小丽家庭　陈照坤家庭
王友惠家庭　王　萍家庭　王方平家庭　何大珍家庭
张明全家庭　何开碧家庭　肖池容家庭　张勋兰家庭
陈　荣家庭　肖文学家庭

四川省

高　容家庭　罗　宏家庭　蒋晓伦家庭　鄢正勇家庭
陈也先家庭　杨军花家庭　郑素萍家庭　胡可菊家庭
吉庆国家庭　杨成群家庭　左林秀家庭　范碧祥家庭
张百钞家庭　尹书芳家庭　陈治莲家庭　严学友家庭
宗作林家庭　乔兰会家庭

贵州省

黄沛成家庭　雷明玉家庭　刘宗国家庭　黄　河家庭
祝常亮家庭　赵正甫家庭　何明军家庭　陈开忠家庭
李朝华家庭　杨　劲家庭　王凤军家庭　董家敏家庭

云南省

王莉娅家庭　陈红书家庭　王兴万家庭　徐四清家庭
徐桂芬家庭　许云川家庭　李团会家庭　巴云柱家庭
和尚勤家庭　史忠怀家庭　李翠竹家庭　玉　腊家庭

陕西省

李　慧家庭　朱晓虹家庭　王　兵家庭　周利军家庭

王红梅家庭　马淑芳家庭　李　粉家庭　谢变文家庭
曹双龙家庭　刘眼明家庭　李奴霞家庭　吕冬娥家庭
王亚莉家庭　曹兴永家庭　崔景刚家庭

甘肃省

陈守文家庭　李春梅家庭　郝玉梅家庭　王德瑞家庭
武秀善家庭　张明秀家庭　朱玉霞家庭　魏文学家庭
刘德政家庭　曹翠花家庭

青海省

石晓燕家庭　解永祥家庭　王维民家庭　改项措家庭
刘玉芳家庭　熊　英家庭　杨文贵家庭　贾静峰家庭
史玉芳家庭　邹廷莲家庭

宁夏回族自治区

杨海澜家庭　庙月萍家庭　王风琴家庭　杨艳芳家庭
郭文霞家庭　施学仙家庭　杨万珍家庭　黄凤兰家庭
杨学英家庭　闵　江家庭

新疆维吾尔自治区

牙森·玉山家庭　再努尔·阿不都许库尔家庭
阿依木罕家庭　阿　森家庭　杨洪初家庭　段杰馨家庭
吾尔尼牙孜汗·吾守尔家庭　李安风家庭　张武彪家庭
哈丽旦·牙森家庭

新疆生产建设兵团

谭春华家庭　张克勤家庭　马清芬家庭

关于在全省开展“绿色家庭”评选表彰活动的通知

（苏环宣[2006]3 号）

各省辖市环保局、妇联：

为加快建设资源节约型、环境友好型社会，结合全国开展“绿色家庭”资源节约行动，省环保厅与省妇联决定在全省开展“绿色家庭”评选表彰活动。

江苏省“绿色家庭”评选表彰是一项社会公益活动，在全省各级绿色社区家庭中开展，每年从“三·八”妇女节到“六·五”环境日期间评选表彰一次。评选由社区居委会推荐，经街道办事处及区（县、市）环保部门和妇联评选，报市环保部门和妇联审核；表彰授牌由省环保厅与省妇联联合进行。

江苏省“绿色家庭”每年表彰授牌名额以各地省级绿色社区为核算基数，一个省级绿色社区为一个表彰授牌名额，各省辖市环保局和妇联每年根据上一年度本地被命名的省级绿色社区总数申报江苏省“绿色家庭”，省环保厅与省妇联联合评审确定后进行表彰授牌。

活动联系方式：省环保宣教中心张丽，电话：025-86514940，E-mail：jshbxjwy@126.com；省妇联

附件：1. 江苏省“绿色家庭”评选表

2. 江苏省“绿色家庭”评选条件

二〇〇六年二月十七日

关于表彰江苏省首批“绿色家庭”的决定

（苏环宣[2006]11 号）

各省辖市环保局、妇联：

依据省环保厅与省妇联联合签发的《关于在全省开展“绿色家庭”评选表彰活动的通知》（苏环宣[2006]3 号），由绿色社区居委会推荐，属地街道办事处及区（县、市）、市环保和妇联审核，经省环保厅与省妇联联合评选，南京市鼓楼区湖南路街道丁家桥社区郑宏财等 84 个家庭被评为江苏省首批“绿色家庭”。

附件：江苏省首批“绿色家庭”名单

江苏省环境保护厅　江苏省妇女联合会

二〇〇六年五月三十一日

附件：

江苏省首批“绿色家庭”名单

南京市 21 家

鼓楼区湖南路街道丁家桥社区	郑宏财
鼓楼区宁海路街道马鞍山社区	赖文英
鼓楼区江东街道聚福园社区	丁瑞霞
玄武区梅园新村街道公教一村社区	祝正鑫
玄武区玄武门街道台城花园社区	徐本兰
白下区苜蓿园街道月牙湖社区	胡瑞芬
白下区苜蓿园街道 28 所社区	杨吉云
白下区瑞金路街道标营社区	张茂兰
秦淮区夫子庙街道文德桥社区	曹　静

环境行为	各类环保活动	居签名意见	2. 邻居意见须注明姓名、门牌、联系电话； 3. 评选表、文字材料、图片说明请用正反两面打印纸。
	3. 家庭成员主动关心环境质量，监督环境违法行为，保护生态环境		
	4. 家庭生活自觉减少环境噪声污染，不食野生动物，尽可能选用公共交通工具		
	5. 家庭卫生整洁，室内空气清新，环境宜人，提倡养花养鱼	附图片说明	
	6. 家庭进行垃圾袋装，废物分类回收、多次循环利用		
	7. 家庭开展节能行动，自觉节约用水用电及纸张，减少使用浪费资源的一次性消费品		
	8. 家庭积极利用环保能源，不使用污染环境的装饰材料、含磷洗涤剂，自觉抵制白色污染		
	9. 家庭自觉购买和使用绿色产品，杜绝过度消费，抵制使用对环境造成污染的生活用品		

附件 2:

江苏省“绿色家庭”评选条件

	评选细则	评选方法	备注
申报条件	1. 参评家庭属绿色社区常驻户	附户籍证明	
	2. 家庭成员遵守社会道德，具有良好的公德意识，自觉维护公共环境	社区居委会有说明材料，并附单元邻居签名意见	
	3. 家庭选择节约型、绿色消费和简约生活方式		
	4. 家庭和睦，邻里团结，热心社会公益事业		
环境意识	1. 树立科学、健康、节约的家庭生活理念	家庭设计有独具特色的口号式准则	
	2. 弘扬传统美德，树立节约光荣、浪费可耻的家庭风尚		
	3. 家庭成员自觉学习环境保护常识，有较强的环保意识	附 500 字学习笔记	
	4. 家庭成员自觉投身环保宣传，积极参与绿色创建		
	1. 家庭成员积极参与抵制污染的行动，每季度做一件保护周围环境的公益事项		1. 社区居委会说明可综合评选细则中有关项目形成材料，文字不超过 1 000 字；
	2. 家庭成员均为社区环保志愿者，积极参与	社区居委会有说明材料，并附单元邻	

秦淮区秦虹街道怡馨花园社区 张 萍
下关区热河南路街道清江花园社区 李传根
雨花台区梅山街道梅苑社区 胡福鑫
雨花台区雨花新村街道邓府山村社区 成国寅
雨花台区宁南街道康盛花园社区 姜正玉
栖霞区燕子矶街道幕府山庄社区 刘梅兰
江宁区秣陵街道学府社区 钮福平
江宁区秣陵街道科苑社区 韩国源
江宁区秣陵街道太平社区 孙邦荣
江宁区东山街道外港社区 蒋金苟
六合区山潘街道扬子第三社区 张义权
六合区山潘街道扬子第八社区 朱献林

无锡市 11 家

崇安区崇安寺街道连元街社区 浦毓芬
南长区迎龙桥街道曹张新村第二社区 孙燕青
南长区南禅寺街道新江南花园社区 蒋永华
北塘区惠山街道惠畅里社区 张传英
滨湖区蠡湖街道山明社区 钱娟英
滨湖区荣巷街道太康社区 王国振
新区旺庄街道春潮园第二社区 过惠良
新区长江路街道太湖花园第二社区 孙景洵
新区长江路街道太湖花园第一社区 蔡健行
江阴市澄江镇虹桥街道花家坝社区 潘明康
江阴市澄江镇花园街道大桥社区 王国民

徐州市 7 家

云龙区黄山街道工院社区 李春旺
云龙区彭城街道晓光社区 周脉蓉
云龙区子房街道圆梦社区 米安民
云龙区骆驼山街道民怡园社区 王 伟

泉山区泰山街道风华园社区	薛长玲
泉山区翟山街道管道社区	曹生宝
开发区金山街道桃园社区	孙建成

常州市 3 家

金坛市经济开发区华城社区	郑志强
天宁区局前街道怡康花园社区	易　勋
溧阳市溧城镇城西街道燕山南苑社区	叶声才

苏州市 27 家

张家港市杨舍镇万红社区	马　浩
张家港市杨舍镇前溪社区	陈江凤
张家港市杨舍镇龙潭社区	倪育明
张家港市杨舍镇阳光社区	朱闵锋
张家港市杨舍镇通运社区	徐品兴
张家港市金港镇元丰社区	徐湘玉
张家港市塘桥镇韩山村	肖关岳
常熟市虞山镇虹桥街道衡山社区	陆兀林
常熟市虞山镇兴福街道五星社区	莫君伟
常熟市虞山镇兴福街道琴枫社区	陈铭法
常熟市虞山镇兴福街道报慈社区	谭建娥
常熟市虞山镇琴湖街道枫泾社区	陶祖荣
常熟市梅李镇梅李社区	陆顺泰
常熟市尚湖镇王庄社区	谭伟忠
太仓市城厢镇西区社区	吴家桢
太仓市城厢镇府东社区	刘志强
太仓市城厢镇中区社区	何红英
太仓市城厢镇县府社区	戴　干
太仓市城厢镇康乐社区	沈锦涛
昆山市朝阳街道盆渎村社区	许志晟
昆山市城北街道萧林社区	曹　锋

昆山市柏庐街道柏庐社区	邵文霞
平江区平江路街道拙政园社区	龚水源
沧浪区新康第一社区	钱玉英
金阊区彩香一村南区社区	沈斌荣
高新区狮山街道馨泰社区	刘秀英
高新区狮山街道狮山社区	吴银宝

南通市 2 家

开发区中兴街道星湖社区	倪建伦
启东市汇龙镇南苑一村社区	蒋秀明

连云港市 2 家

新浦区苍梧社区	罗栋生
赣榆县青口镇黄海街	李　华

盐城市 4 家

亭湖区黄海街道南苑社区	张一峰
东台市东台镇玉带桥社区	钱湘池
大丰市大中镇建业社区	张学军
建湖县近湖镇先峰社区	乔广龙

扬州市 1 家

广陵区文峰街道连运社区	陈大龙

镇江市 5 家

京口区正东路街道恒美嘉园社区	夏剑栋
京口区正东路街道江科大社区	周赵妹
京口区四牌楼街道阳光世纪花园社区	邱金春
丹阳市云阳镇凤凰新村社区	仲凤娣
扬中市三茅镇建设社区	姜高祥

宿迁市 1 家

宿豫区顺河镇豫苑社区	袁振尧

关于表彰2007年度江苏省“绿色家庭”的决定

（苏环宣[2007]19号）

各省辖市环保局、妇联：

依据省环保厅与省妇联联合签发的《关于在全省开展“绿色家庭”评选表彰活动的通知》（苏环宣[2006]3 号），由绿色社区居委会推荐，属地街道办事处及区（县、市）、市环保和妇联审核，经省环保厅与省妇联联合评选，南京市鼓楼区江东街道世纪花园社区谢非等66个家庭被评为2007年度江苏省“绿色家庭”。

附件：2007年度江苏省“绿色家庭”名单

江苏省环境保护厅　江苏省妇女联合会

二〇〇七年十二月四日

附件：

2007年度江苏省“绿色家庭”名单

南京市15家

鼓楼区江东街道世纪花园社区	谢　非
鼓楼区挹江门街道模范西路社区	邵润朋
玄武区孝陵卫街道农科院社区	刘德华
白下区瑞金路办事处南航社区	阮宝华
秦淮区红花街道龙翔雅苑社区	王顺英
雨花台区梅山办事处梅欣社区	李俊雄

栖霞区尧化街道金尧花园社区　陆大诚
江宁区东山街道中前社区　张苏苏
江宁区东山街道邵圣社区　刘双根
江宁区东山街道章村社区　王　琴
江宁区秣陵街道成山社区　汪灵珠
高新技术产业开发区高新花苑社区　丁维刚
六合区雄州镇泰山社区　徐永强
六合区山潘街道扬子第五社区　戴立富
六合区山潘街道扬子第四社区　李学英

无锡市 15 家

江阴市澄江镇城中街道文定社区　赵士和
江阴市澄江镇城西街道通渡社区　李　倩
江阴市澄江镇城东街道天鹤社区　朱莲英
江阴市澄江镇城南街道青果路社区　汪美华
江阴市澄江镇城西街道西大街社区　何丽娟
宜兴市宜城街道和平社区　周美大
滨湖区荣巷街道桃源社区　韩宝发
滨湖区河埒街道月秀社区　周美月
崇安区崇安寺街道汤巷社区　陈素军
南长区迎龙桥街道五爱家园社区　张云清
南长区清名桥街道沁园第一社区　周耀忠
南长区南禅寺街道家乐花园社区　陈建萍
南长区金匮街道五星家园第一社区　张建华
北塘区北大街街道凤宾路社区　朱法英
北塘区黄巷街道高泾社区　徐静娟

苏州市 27 家

张家港市杨舍镇东苑社区　王言飞
张家港市杨舍镇新城社区　徐福源
张家港市杨舍镇花园社区　汤正义

张家港市杨舍镇长安社区	刘益军
张家港市杨舍镇暨阳社区	季　忠
张家港市锦丰镇滨江社区	袁卫芳
常熟市虞山镇星海社区	范　晔
太仓市城厢镇南路社区	李宝良
太仓市城厢镇西郊社区	马惠娟
太仓市城厢镇长春社区	陆耀球
太仓市城厢镇桃园社区	汤　政
太仓市世纪苑社区	冯兴生
昆山市亭林街道仓基街社区	周怡良
昆山市亭林街道亭林社区	方无畏
昆山市柏庐街道新昆社区	唐惠明
昆山市同心街道娄苑社区	莫凤鸣
昆山市长江路街道司徒社区	汤凤元
吴江市平望镇南新社区	俞祖明
吴江市同里镇鱼行社区	王　鸿
吴江市同里镇东新社区	周永清
沧浪区长岛社区	崔红梅
沧浪区湄长社区	徐遵珠
沧浪区道前社区	黄毓芳
沧浪区万年社区	王春富
沧浪区胥虹社区	施星华
苏州工业园区新馨社区	史建荣
苏州工业园区唯亭镇东亭社区	姜永勇

盐城市 4 家

东台市东台镇东坝社区	苏　林
射阳县合德镇虹亚社区	陈昌银
阜宁县阜城镇向阳社区	孙　超
大丰市大中镇大刘社区	胡红兰

镇江市 3 家

京口区健康路街道下桃花坞社区	潘志发
京口区正东路街道江大社区	何允纪
京口区正东路街道包家湾社区	邱明月

泰州市 2 家

姜堰市姜堰镇古田社区	方　溆
泰兴市鼓楼街道胜利社区	蔡承铭

关于表彰2008年度江苏省“绿色家庭”的决定

（苏环宣[2008]18号）

各省辖市环保局、妇联：

自2006年在全省绿色社区中开展“绿色家庭”评选表彰活动以来，各级环保局、妇联紧密配合，加强协作，积极组织和动员社区居民及家庭参与创建“绿色家庭”活动，通过家庭影响社区、通过社区带动城市，为普及提高公众的环境保护意识、为完成我省“十一五”节能减排目标任务、为推进“资源节约型、环境友好型”社会建设，发挥了积极的作用，取得了良好的效果。

为表彰先进，树立榜样，激励更多的家庭参与“绿色家庭”创建活动，依据苏环宣[2006]3号文件精神，经绿色社区居委会推荐，属地街道办事处及区（县、市）、市环保和妇联审核，省环保厅与省妇联联合评选，决定南京市鼓楼区江东街道聚福园社区李欣家庭等80个家庭被评为2008年度江苏省“绿色家庭”。

希望受到表彰的家庭继续发扬成绩，并以此为新的起点，积极参与环境保护公益活动，影响和带动社区其他家庭共同参与，争做节能减排的宣传者、志愿者和实践者，为建设美好家园，推进生态文明建设作出新的贡献！

附件：2008年度江苏省“绿色家庭”名单

江苏省环境保护厅　江苏省妇女联合会

二〇〇八年十二月二十六日

张家港市锦丰镇海沙社区	张国华家庭
张家港市杨舍镇梁丰社区	吴广生家庭
常熟市古里镇双港社区	吴丽芬家庭
常熟市虹桥街道虞东社区	汤金生家庭
吴江市同里镇屯村社区	邱珏明家庭
吴江市同里镇东溪社区	孙选源家庭
昆山市柏庐街道震川社区	徐逸群家庭
昆山市柏庐街道采莲社区	陈美琴家庭
昆山市亭林街道亭林社区	鲁德俊家庭
昆山市亭林街道仓基街社区	周怡良家庭
昆山市城北街道长荣社区	朱国平家庭
昆山市城北街道花园社区	钱玉良家庭
昆山市朝阳街道严家角社区	金克齐家庭
昆山市新镇街道毛库社区	黄朝军家庭
昆山市新镇街道桂冠社区	吴家陆家庭
昆山市新镇街道康泾湾社区	沈　妍家庭
相城区元和街道元和之春社区	严维治家庭
金阊区三元一村社区	黄树霖家庭
金阊区彩香一村四区社区	严均仪家庭
金阊区信记社区	段海珍家庭
高新区狮山街道新升社区	陈丽英家庭
高新区枫桥街道枫津社区	杨友英家庭
高新区浒墅关开发区阳山花苑第三社区	杨惠根家庭
高新区浒墅关开发区阳山花苑第四社区	周炳方家庭
工业园区荷韵社区	罗兴元家庭

盐城市 2 家

射阳县合德镇虹亚社区	周洋洋家庭
阜宁县阜城镇南苑社区	曹　通家庭

镇江市 3 家

京口区大市口街道华润新村社区　　李鹤皋家庭
润州区宝塔路街道润州花园社区　　高更娣家庭
扬中市三毛镇建设社区　　朱应声家庭

泰州市 2 家

靖江市靖城街道江华社区　　苏瑞婷家庭
靖江市靖城街道布市里社区　　徐　适家庭

关于公布2009年度江苏省“绿色家庭”的通知

（苏环办[2010]110号）

各市、县（市、区）环保局、妇联：

自2005年全国妇联和原国家环保总局联合表彰首批全国“绿色家庭”后，各级环保局和妇联紧密配合，加强协作，积极组织和动员社区居委会及居民家庭参与“绿色家庭”创建活动，通过家庭影响社区、社区带动城市，引导公众广泛参与环境保护，为推进资源节约型、环境友好型社会建设发挥了积极的作用。

为表彰先进，激励更多的家庭参与创建活动，根据省环保厅与省妇联《关于在全省开展“绿色家庭”评选表彰活动的通知》，经绿色社区居委会推荐，属地街道办事处及县（市、区）和市环保局、妇联审核，南京市鼓楼区湖南路街道南秀村社区王耀南家庭等81户家庭获得2009年度江苏省“绿色家庭”称号。

希望“绿色家庭”继续发扬成绩，影响和带动社区其他家庭共同参与居民低碳行为、家庭低碳生活、社区低碳行动、社会低碳经济等系列环境保护公益活动，争做节能减排的宣传者、志愿者和实践者，为建设美好家园，推进生态文明建设作出新的贡献。

附件：2009年度江苏省“绿色家庭”名单

江苏省环境保护厅　江苏省妇女联合会

二〇一〇年三月二十五日

附件：

2009年度江苏省“绿色家庭”名单

南京市（11家）

1. 南京市鼓楼区湖南路街道南秀村社区王耀南家庭
2. 鼓楼区挹江门街道戴家巷社区李玉珍家庭
3. 鼓楼区江东街道长阳花园社区温庆玲家庭
4. 玄武区孝陵卫街道南京理工大学社区陈源泉家庭
5. 玄武区玄武门街道台城花园社区金春华家庭
6. 玄武区锁金村街道锁五社区王守琳家庭
7. 雨花台区雨花新村街道邓府山社区高桂英家庭
8. 雨花台区宁南街道翠竹园社区沈贵洲家庭
9. 雨花台区梅山街道上怡二村居委会钮震生家庭
10. 江宁区东山街道外港社区吴方荣家庭
11. 江宁区秣陵街道胜太社区魏　东家庭

无锡市（22家）

1. 江阴市南闸镇紫金社区周　成家庭
2. 江阴市申港镇明珠花园社区李建军家庭
3. 江阴市澄江街道城中管理区黄龙社区周文俊家庭
4. 宜兴市宜城街道城南社区沈奎鹏家庭
5. 宜兴市宜城街道阳泉社区朱小兔家庭
6. 宜兴市宜城街道新华社区刘顺灿家庭
7. 宜兴市宜城街道土城社区周占平家庭
8. 宜兴市宜城街道宜北社区郑小荣家庭
9. 宜兴市新街街道绿园社区王怀庆家庭
10. 宜兴市万石镇万善居委会沈建国家庭
11. 宜兴市万石镇南漕居委会蒋志新家庭
12. 宜兴市丁蜀镇公园路社区张红华家庭

13. 南长区金星街道阳光城市花园第一社区杨伯圣家庭
14. 南长区扬名街道金星社区章建荣家庭
15. 滨湖区蠡湖街道景丽东苑社区管巧花家庭
16. 滨湖区蠡湖街道夏家边社区范志坚家庭
17. 滨湖区蠡园街道隐秀苑社区周永琪家庭
18. 锡山区羊尖镇社区龚建华家庭
19. 锡山区锡北镇张泾社区赵希根家庭
20. 崇安区上马墩街道春晖新村社区邹建明家庭
21. 崇安区广瑞路街道广丰三村社区靳东亮家庭
22. 崇安区广益街道广益佳苑社区陈晓峰家庭

常州市（4家）

1. 武进区邹区镇邹新花园社区蒋学成家庭
2. 武进区湖塘镇南都社区吴洁波家庭
3. 武进区湖塘镇长安社区干建新家庭
4. 武进区湖塘镇邱墅社区张丽英家庭

苏州市（36家）

1. 吴中区苏苑街道南区社区宗福芸家庭
2. 吴中区龙西街道吴中苑社区孙静娟家庭
3. 苏州市沧浪区西大街社区何龙根家庭
4. 苏州市沧浪区泰南社区高培南家庭
5. 苏州市金阊区彩香一村三区社区张莲珠家庭
6. 苏州市金阊区嘉业阳光城社区毛金泉家庭
7. 苏州市金阊区清塘社区王鉴荣家庭
8. 苏州高新区枫桥街道马浜社区陆国平家庭
9. 苏州工业园区胜浦镇浪花苑社区沈金明家庭
10. 苏州工业园区唯亭镇青苑社区苏建明家庭
11. 张家港市杨舍镇城北街道横河社区钱淦宝家庭
12. 张家港市杨舍镇小城市社区席国平家庭
13. 张家港市凤凰镇金谷社区邓敏家庭

14. 张家港市锦丰镇合兴社区朱士明家庭
15. 常熟市虞山镇琴湖街道花溪苑社区刘军家庭
16. 常熟市虞山镇方塔街道花园浜社区归企玲家庭
17. 常熟市虞山镇方塔街道烟雨社区吴之琴家庭
18. 常熟市虞山镇虹桥街道兴隆社区苏禹家庭
19. 常熟市虞山镇兴福街道常福社区周惠英家庭
20. 昆山市周市镇新镇街道睦和社区王文林家庭
21. 昆山市巴城镇石牌街道玉石社区钱兴元家庭
22. 昆山市花桥镇花安社区冯庆宝家庭
23. 昆山市枫景苑街道枫景苑社区徐进生家庭
24. 昆山市枫景苑街道大同社区张秀林家庭
26. 昆山市朝阳街道需浦社区徐　冬家庭
27. 昆山市同心街道清水港社区肖秀兰家庭
28. 昆山市同心街道紫竹社区刘建华家庭
29. 昆山市城北街道永盛社区林淼家庭
30. 昆山市城北街道火炬社区潘建明家庭
31. 昆山市亭林街道状元泾社区李挺家庭
32. 太仓市城厢镇桃园社区汤政家庭
33. 太仓市城厢镇中区社区杨凤银家庭
34. 太仓市城厢镇县府社区虞府才家庭
35. 太仓市城厢镇长春社区曹明珠家庭
36. 太仓市城厢镇梅园社区陆大权家庭

盐城市（2家）

1. 亭湖区黄海街道南苑社区毕良贵家庭
2. 亭湖区毓龙街道凌家桥社区孙兆保家庭

扬州市（2家）

1. 维扬区梅岭街道锦旺社区程怀琪家庭
2. 广陵区东关街道琼花社区王明祥家庭

镇江市（2家）

1. 扬中市三茅镇广宁社区印永洪家庭
2. 丹阳市云阳镇兴隆苑社区王飞英家庭

泰州市（2家）

1. 姜堰市姜堰镇康华社区陆兴庭家庭
2. 靖江市靖城街道虹兴社区倪丽云家庭

关于进一步开展“绿色社区”创建活动的通知

（环发[2004]105 号）

各省、自治区、直辖市环境保护局（厅）：

自《2001—2005 年全国环境宣传教育工作纲要》（以下简称《工作纲要》）提出开展“绿色社区”创建活动以来，许多省市进行了积极的探索和实践活动，取得了良好的效果。为不断提高公众的环境意识，提高社区环境管理与建设水平，促进城市环保工作与可持续发展，我局决定在全国进一步开展“绿色社区”创建活动。现通知如下：

一、各级环保部门应将“绿色社区”创建活动作为推进公众参与环境保护的有力措施，纳入工作计划，统一安排。通过开展“绿色社区”创建活动，树立人与自然和谐相处、自觉保护环境、选择绿色生活方式的文明风尚。

二、环保部门要与社区主管部门密切合作，在各级社区管理部门的支持与配合下，将开展“绿色社区”创建活动与建设“文明社区”相结合，纳入社区的日常管理工作。动员和指导社会各界力量，共同参与“绿色社区”创建活动。

三、各地根据《工作纲要》提出的创建“绿色社区”基本目标，结合本地实际情况，制定具体创建要求和评价标准，采取行之有效的方式方法，开展各具特色的活动，并在实践中不断加以丰富和创新。

四、为加强对“绿色社区”创建活动的指导，我局决定成立“绿色社区”创建指导委员会，印发《全国“绿色社区”创建指南（试行）》（见附件）。自 2005 年起，每两年对活动中取得显著成效的“绿色社区”、表现突出的单位和个人进行表彰。

联系人：国家环保总局宣教办 林又槟　　电话：(010)66159817
附件：1. “绿色社区”创建指导委员会名单
　　　2. 全国“绿色社区”创建指南（试行）

二○○四年七月十四日

附件1：

“绿色社区”创建指导委员会名单

主任： 潘　岳（国家环保总局副局长）
成员： 胡保林（国家环保总局办公厅主任）
周　建（国家环保总局规划司司长）
杨朝飞（国家环保总局法规司司长）
尹　改（国家环保总局科技司司长）
张力军（国家环保总局污控司司长）
刘友宾（国家环保总局宣教办副主任）
焦志延（国家环保总局宣教中心主任）
办公室主任： 焦志延（兼）
副主任： 林又槟（国家环保总局宣教办处长）
贾　峰（国家环保总局宣教中心副主任）
成　员： 林　玉（国家环保总局宣教办副处长）
陈　瑶（国家环保总局宣教中心宣传室主任）
江　莲（国家环保总局宣教中心）
张友谊（国家环保总局宣教中心）
焦志强（国家环保总局宣教中心）

附件 2：

全国“绿色社区”创建指南（试行）

开展“绿色社区”创建活动，是为了将环境管理和环境保护的公众参与机制引入社区的全面发展。让环保贴近百姓，走进每个人的生活，增强公众的环境意识和文明素养，促进社区的环境建设和环境质量的改善。通过创建“绿色社区”，推动整个城市的环境建设，提高文明进步的水平。为了指导各地的 “绿色社区”创建活动，制定《全国“绿色社区”创建指南》（以下简称《指南》）。

《指南》介绍了创建“绿色社区”的基本内容和步骤，是开展创建活动的基本框架。各地在创建活动中，应根据当地实际情况，制定具体计划和办法。随着创建活动的不断深入和形势的发展，将对《指南》进行补充和完善，为巩固和改进“绿色社区”创建活动发挥更好的作用。

一、“绿色社区”创建过程

“绿色社区”创建模式比照国际标准化组织制定的 ISO 14000 环境管理系列标准，分为四个步骤：

（一）“绿色社区” 创建的组织领导；

（二）制定“绿色社区” 创建计划；

（三）实施“绿色社区” 创建计划；

（四）自我检查与评估。

“绿色社区”创建过程是一个螺旋式上升、不断提高的过程。“绿色社区” 创建在完成上述四个步骤后，社区环境质量与创建前相比较，应有一定的改善，社区居民整体环境意识应有所提高。但这些已取得的成绩并不是最终的目标，应以此为基础，提出新的、更高的目标加以实施，持续改进，使“绿色社区” 创建水平不断提高，促进社区环境质量得到改善。

二、“绿色社区”创建内容

（一）“绿色社区”创建的组织领导

“绿色社区”创建活动应在各级政府的领导和支持下，环保部门进行指导和帮助，与有关部门合作共同推进，由社区管理部门结合社区建设的总体目标组织实施。成立“绿色社区”创建组织机构是“绿色社区”创建的前提。合理的人员组成、明确的职责分工和充分的资源是“绿色社区”创建持久开展的有力保障。组织机构的人员应掌握国家和地方有关的环境保护法律法规，有较高的环境意识和一定的环保知识，具有敬业精神，并重视提高自身的能力。

1．成立“绿色社区”创建领导机构

由街道牵头组织，成立“绿色社区创建委员会”或“绿色社区创建联席会”、“绿色社区创建领导小组”等领导机构，领导职务由街道办事处负责人担任，成员可来自街道办事处的社区办、文明办、城建科、宣传部、妇联等职能部门，对应的社区居（家）委会、社区物业公司，以及当地环保部门、环卫部门、区内和周边学校、环保民间组织和驻社区单位等，有条件的地方也可请媒体、学术机构的代表参加。另外，还可聘用环保积极分子担任义务“绿色社区督导员”，协助领导机构开展工作。

职责：制订街道或社区的“绿色社区”创建方案；参与和指导“绿色社区”创建执行机构，制订计划并监督实施；提供必要的资源保障；做好宣传工作，为创建“绿色社区”营造良好的氛围；发挥监控功能，对各社区工作实施定期检查、纠错、验证和评估，确保“绿色社区”创建水平不断提高；做好“绿色社区”创建工作重要环节的记录和归档；组织与有关部门、其他社区、国内外社会团体的交流活动，举办和组织参加有关的环保活动。

2．成立“绿色社区”创建执行机构

以社区为单位，根据社区管理的不同模式，执行机构可由居（家）委会或物业管理公司牵头[1]，也可由居（家）委会和物业管理公司共同牵头，并明确具体联系人。成员应来自居（家）委会、物业公司、居民代表、区内和周边学校、驻社区单位等。

职责：制定“绿色社区”创建计划并实施；定期进行自我检查，落实相应措施；建立规范、完整的“绿色社区”创建档案。应善于发现和利用社区内的人力资源，并加强与各种环保团体的联系。邀请有关专家和环保志愿人士，协助制订工作计划，策划各项环保活动。

3．组建绿色志愿者队伍

组建一支以居民为主体的绿色志愿者队伍，根据实际需要确定规模，成员包括离退休人员、学生、在职人员等热心环保的人士；也可组建几支绿色志愿者队伍，如红领巾小分队、巾帼小分队、夕阳红小分队等。

职责：担任“绿色社区”创建的具体工作和监督任务，以身作则，积极参与各类环保活动；及时向执行机构反映居民对“绿色社区”创建工作的意见和建议，向居民发布最新动态，发挥管理部门与居民之间的纽带作用。

4．“绿色社区”组织机构人员的学习和培训

组织机构人员应定期参加学习和培训，不断获取环保知识，提高工作能力，以保证“绿色社区”创建持续、有效地开展。比如，在创建前，主要人员应先通过学习和培训，了解“绿色社区”的内容和创建步骤，保证“绿色社区”创建的顺利进行，而不能只停留在对“绿化社区”的理解层面。

培训的形式可多样化，比如，课堂培训、自学环保知识、实地参观考察、参加环保交流等，要注重培训效果，进行必要的考核。

5．建立“绿色社区”创建档案

创建档案要以实际工作为基础，记录“绿色社区”创建的真实情况，建立完整、规范的“绿色社区”创建档案。要有当地环境状况、污染源状况、居民用电和用水量、绿地面积等原始记录，并包括创建工作的会议记录、活动介绍和阶段性工作总结等。档案形式包括文字、图片和音像资料等。

（二）制订“绿色社区”创建计划

根据社区的现实情况和今后的发展，结合国家和地方对社会发

展与环保法律法规的要求，制定短期（半年至一年）和中长期（三年至五年）“绿色社区”创建计划。通过召开居民代表大会、张贴公告等方式公开征求社区居民的意见和建议，加以修订和完善。制订的计划和执行方案要具有科学性和可行性，是实施“绿色社区”创建计划的依据。

不同条件的社区制订计划的侧重点有所不同。比如基本条件较差，环境问题突出的社区，可考虑加强环境建设；新建社区基础设施较好，就可把“绿色社区”创建工作重点放在环境文化建设和引导居民选择绿色生活方式上。

1．社区环境状况调查

首先对社区情况进行全面调查，掌握社区内和社区周边环境的基本情况，了解社区居民对创建“绿色社区”的意见和社区内单位的状况，进行必要的沟通。

“绿色社区”创建执行机构可采取召开座谈会、访谈、问卷调查等多种形式了解居民环境意识，掌握社区环境状况，准确地识别出环境基本建设、环境文化建设、居民绿色行为等方面的环境因素[2]，结合未来发展趋势，将居民最关心的重要环境因素列入近期实施方案，并明确近期任务和中长期发展方向，制订合理可行的实施计划。

2．“绿色社区”的环境建设

根据当地的自然条件和社会条件，结合人、财、物的投入情况，分阶段、有步骤地进行社区污染治理、节水节能和环保型的基建工程、设备改造、宣传设施等建设项目。社区建设项目环保“三同时”制度[3]执行率为100%，环保设施运行正常，达标排放。

善于利用各方面的资源，充分调动共建单位和有关方面的积极性。

社区内的新建项目决策透明，居民参与决策过程。

3．社区的重要环境问题

对社区存在的一些重要环境问题进行集中整治，彻底解决。必要时，可通过请上级部门出面协调、媒体报道等方式协助解决。如针对大气污染严重情况，对燃烧散煤的锅炉、茶炉等进行淘汰、改型，杜绝焚烧垃圾、树叶；针对水资源短缺和水污染问题，建立水资源合理利用的渠道并采取治理措施。

4. 资源、能源的有效利用

积极宣传节约资源和能源，倡导使用绿色能源[4]；尽可能安装和使用节能电器；尽量采用日光照明；在社区内定期组织开展家庭旧物交易等资源再利用活动。

5. 水资源利用和污水处理

引导居民和单位节约用水。尽可能安装和使用节水器具；采用适宜的方式进行雨水收集；使用中水浇灌绿地，采用喷灌等节水技术；尽量避开在水分蒸发快的时间段浇水；杜绝因管理不善导致的跑、冒、滴、漏等现象。

尽量少产生污水，提倡一水多用和水的循环利用；生活污水排入市政污水处理厂或自行处理后达标排放；逐步实行雨水、污水分流。

社区指定专门的节水管理员。

6. 大气污染的防治

对社区内企业、家庭炉灶、餐馆及其他大气污染源进行有效监管；尽量减少烟尘排放，无露天烧烤和焚烧垃圾现象；施工和室内装修时选择使用环保型材料，并防止扬尘排放。配合有关部门宣传汽车的污染与防治。

7. 噪声污染的防治

制定防止噪声的规定，杜绝噪声扰民现象。如要求社区内的商店、娱乐场所不得进行高分贝的广播或采取有效隔音措施；要求离居民住宅近的噪声源修建隔音墙；对建筑施工、室内外装修等要有施工时间规定，避开居民休息时段，并且尽可能降低或消除噪声。向居民宣传不要发出噪声妨碍他人的休息和生活。

8. 固体废物的处理和处置

居民的生活垃圾和驻社区单位、学校的垃圾，以及落叶等是社区的固体废物主要来源。固体废物“减量化”和“无害化”是指导固体废物处理、处置的基本思想。

倡导减少固体废物，积极参与垃圾的分类回收。

做好固体废物的分类投放和分类清运与处理处置。目前还不能进行分类清运与处理处置的地方，应该实行垃圾袋装，定时定点投放，并及时清运。

分类投放处要设有明显的、易理解的分类说明标志。

分类参考 A：废纸回收桶、废塑料和废纺织物回收桶、废金属和废玻璃回收桶和废弃物回收桶。

分类参考 B：可回收垃圾桶、不可回收垃圾桶。

可回收垃圾指废纸、废塑料、废金属、废玻璃和废纺织物等。

不可回收垃圾指厨房垃圾、果皮果壳等易腐烂垃圾。

医院、科研单位、工厂和学校等产生的有毒有害垃圾的处置应受到监视。

有毒有害垃圾指放射性物质、过期药品、盛装杀虫剂的瓶罐、废旧电子元件、废电池、废灯管灯泡等。

了解固体废物的处理和处置情况，确保有毒有害垃圾交给有资质的单位进行处理和处置。

向居民进行垃圾分类的指导。

促进城市管理部门尽快实施垃圾分类回收。

9．其他污染的防治

如果存在其他的污染源，如光污染、电磁辐射污染、家居污染等污染源，要采取有力措施加以防治，向有关部门反映。向居民宣传有关科学知识。

10．社区内公共场所

社区整体环境整洁、优美、宁静。提倡维护公共场所环境人人有责。动员绿色志愿者进行监督检查。

应保持并在条件允许的情况下扩大绿化面积，可绿化面积的绿化覆盖率逐步达到 100%；绿化有专人养护并保持完好；社区内植物有名称、科属、特性、栽培方法等说明标志；自然条件适宜的地方，提倡阳台绿化、屋顶绿化和围墙绿化等立体绿化方式；消灭虫害应尽量采用物理方法，或使用高效、低毒、低残留杀虫药剂。

社区内停车场、商店、餐饮、娱乐场所和菜市场等功能区布局合理；空调器、换气扇、油烟排放等设备的安装避免污染扰民；社区内的道路指示清晰，车辆行驶与停放井然有序。

建议：尽量维护当地自然的绿化状态，植物树种选择应以乡土树种和体现地带性植被景观为原则，即尽可能使用当地的草种和树种。在缺水的地方，绿化提倡以种树为主。

11．社区周围地区

社区在创建“绿色社区”的过程中，还应关注社区的周围地区，监督对本区有影响的社区外的噪声、大气、水和其他污染源。通过“绿色社区”创建工作，带动周围地区的环境得到改善。

12．“绿色社区”的环境文化

居民环境意识、绿色生活方式、自觉保护环境、与自然和谐相处风尚的形成是环境文化的体现，也是“绿色社区”创建活动的重要内容。应当围绕这些内容，开展各种形式的宣传教育活动。

13．环境宣传设施建设

充分利用社区内的宣传栏、黑板报、环境警示教育牌、提示牌和壁画、雕塑等设施营造“绿色社区”创建氛围、普及环境科学知识并及时更新内容；传递最新环境信息，特别是关于社区居民的活动；可定期或不定期地出版关于“绿色社区”创建的简报；对一些树木，如古树或名贵树木等，悬挂说明牌；有条件的地方应建立寓教于乐的环境文化场所或有环保示范作用的景点。

14．对居民的环境宣传教育和培训

利用社区居民活动站、市民学校、老年大学或区内及周边学校、单位的场地等，举办讲座、播放音像资料、传阅环保图书和举办小型图片展等活动，向居民介绍环保健康生活小常识，讲授通俗易懂的环境科学知识等。

设立环保资料借阅点，逐步增加环保类报纸杂志、书籍和音像资料的数量，可在已有的管理处、文化活动中心或阅览室腾出专门书架作为绿色书架，摆放环境类报刊和书籍，也可开辟专门的环保资料借阅室。

结合环境纪念日，每月至少组织一次“绿色社区”活动。如“六·五”世界环境日主题宣传、环保装修专题讲座、绿地认养、发倡议书、环保知识竞赛、观鸟活动、“环保一日游”等，组织居民参观垃圾填埋厂、污水处理厂、生态农场和植物园等环境教育基地。利用各种机会向居民进行环境宣传教育。

组织居民间的相互交流活动，交流生活中的环保知识和节水节能小窍门，推广绿化养护经验等。

对社区内的家庭服务员、保安员、清洁员等，进行专门的环保培训。

15. 环境信息的获取

获取充分的环境信息，对制订“绿色社区”创建计划，改进社区的环境管理非常有益。应建立通畅的获取环境信息的途径，从当地环保部门或媒体、网站获取各种环境质量数据、法律法规、建设项目环境影响审批等环境信息。

16. “绿色社区”创建的激励

对积极参与“绿色社区”创建工作表现突出的，应当受到社区和居民的肯定与尊敬，并给予奖励。如在社区内评选绿色楼道、“绿色家庭”、绿色标兵、绿色小天使、“绿色社区”创建贡献奖等；也可采用光荣榜、通报表扬等方式，鼓励居民参与到“绿色社区”创建中来。对不好的行为应当提出批评，树立“保护环境光荣，破坏环境可耻”的风气。

17. 与社区内的学校、单位进行共建

学校是创建“绿色社区”的重要合作伙伴，要充分利用学校的各种资源，推进“绿色社区”创建活动，社区也应协助学校开展环境教育的社会实践和创建“绿色学校”工作。

充分调动和利用驻社区单位的资源，共同开展“绿色社区”创建工作。

倡导社区内的商店、菜市场和餐馆等单位经营绿色食品、有机食品和环保标志商品；不经销国家禁止销售的保护动物；尽量不用或少用塑料袋、木制方便筷等一次性物品，鼓励居民使用布袋和菜篮子购物；敦促理发店、洗衣店、旅馆等用水大户严格执行节水要求。

18．社区居民的绿色行为

崇尚绿色生活方式，选择绿色消费行为；关心环境质量，监督环境执法，参与政策制定；抵制破坏环境的行为；从身边的事做起，从一点一滴做起，在家庭、社区、单位、学校等场所，以绿色的行为自律。运用法律手段维护自身合法的环境权益。

19．社区特色[5]

20．制订出“绿色社区”创建计划

在考虑以上诸因素的情况下，制订“绿色社区”创建计划。为了确保计划顺利实施，应制定“绿色社区”的管理办法和制度，也可与社区已有的管理制度相结合。

（三）实施“绿色社区”创建计划

创建计划的实施，重在抓实事，解决问题，扩大影响。实施的过程，也是公众共同参与的过程，包括社区管理者、居民、志愿者、专家、学生和驻区单位员工等。创建活动应向社会公开，欢迎参观，欢迎指导，欢迎批评，欢迎宣传。积极开展社区间、社区与社会的交流与合作。

必要时，可结合实践经验对制订的计划做适当调整。

（四）自我检查与评价

在实施过程中，应对照创建计划经常进行自我检查，不足之处加以改进，并定期进行评估，使“绿色社区”创建取得最佳成效。采取多种听取社区成员特别是居民意见的方式，通过了解他们对社区环境的满意度，建立完善的监督机制，确保“绿色社区”创建得以有效地开展。

1．社区环境状况满意度调查

执行机构可通过问卷、随机询问等方式，经常调查了解居民对社区环境的满意度，以便有针对性地加以改进。

2．社区居民的监督和纠正

社区居民应主动对不符合“绿色社区”要求的行为进行监督，并加以纠正。绿色志愿者更应在其中起模范带头作用。

3．执行机构内部的监督

“绿色社区”创建执行机构应建立内部监督制度，来判定计划的实施是否达到预期的目的，及时发现问题，并加以整改。

4．领导机构对“绿色社区”创建的定期评价

“绿色社区”创建领导机构要定期对“绿色社区”创建活动进行评价，对上一阶段工作进行总结，对不足之处加以改进，完善下一阶段的工作计划，确保“绿色社区”创建的有效性和持续性。

社区应积极参加区级（包括区级）以上“绿色社区”创建领导机构组织开展的评价工作，弄清自身创建的成绩与不足，并借助外部力量来推进“绿色社区”的创建。

评价的原则为：

（1）评价以创建计划的完成情况为主，着重在原有水平上的不断提高与创新；

（2）评价应吸收社区代表、参与“绿色社区”创建的有关部门、民间组织和有关专家参加；

（3）评价对象包括社区管理部门、驻社区单位和学校、居民等。

[1]在社区建设的发展趋势中，物业公司将扮演越来越重要的角色。居（家）委会与物业公司的合作情况，物业公司在“绿色社区”创建中的参与度，在很大程度上决定着“绿色社区”创建的成效和持久性。同时，物业公司应认识到“绿色社区”创建也会为自身管理和经营带来声誉与效益。

[2]社区的环境因素是指社区的活动或服务中能与环境发生相互作用的要素，可分为“绿色社区”基本建设、“绿色社区”环境文化建设和居民绿色行为三个部分。（每个部分没有先后之分）。

[3]“三同时”制度是指创建项目中的环境保护设施必须与主体工程同时设计、同时施工、同时使用的制度。社区的建设、改造工程应及时到环保部门申报有关手续，并采取相应的污染防治措施。

[4]绿色能源指可再生能源，如太阳能、风能、地热能、废热资源等。

[5]本指南预留了社区特色项。社区特色是指社区结合自身的人文、地域等特点，善于创新，内容详实丰富，形成自己的特色，可以通过活动、独特的社区文化等多种形式来体现。

关于推荐表彰 2005 年全国绿色社区有关工作的通知

（环办函[2005]216 号）

各省、自治区、直辖市及计划单列市环境保护局（厅）：

“十五”期间，全国“绿色社区”创建活动在促进城市精神文明建设、提高社区环境管理水平、增强公众参与保护环境和选择“绿色生活方式”的自觉性等方面，产生了越来越大的影响，得到社会广泛的理解与支持，涌现出了一批成绩突出、具有典型示范意义的先进“绿色社区”。根据《关于进一步开展绿色社区创建活动的通知》（环发[2004]105 号），我局决定 2005 年对“绿色社区”创建活动中表现突出的社区、优秀组织单位和先进个人进行表彰，以鼓励先进，推进创建活动不断发展。请你们根据本地区“绿色社区”创建活动开展的实际情况，于 2005 年 5 月 10 日前将申报表格等有关推荐材料，报送全国“绿色社区”创建指导委员会办公室。

附件 1：2005 年全国绿色社区表彰推荐办法

附件 2：2005 年全国绿色社区表彰评估标准

附件 3：2005 年全国绿色社区表彰名额分配表（略）

附件 4：2005 年全国绿色社区表彰申报表（Word 文档）（略）

附件 5：2005 年全国绿色社区表彰优秀组织单位申报表（Word 文档）（略）

附件 6：2005 年全国绿色社区表彰先进个人申报表（Word 文档）（略）

联系人：陈瑶、焦志强；电话：010-84637722-2303，传真：010-84646361

地址：北京市朝阳区育慧南路 1 号，国家环保总局宣教中心；

邮编：100029

邮箱地址：green_communities@chinaeol.net

二〇〇五年四月八日

附件 1：

2005 年全国绿色社区表彰推荐办法

第一条 国家环保总局从 2005 年起，每两年表彰一批在“绿色社区”创建活动中表现突出的社区、优秀组织单位和先进个人。

第二条 按照《2005 年全国绿色社区表彰评估标准》，综合考核成绩在 85 分以上的社区可以申报全国“绿色社区”的表彰；优秀组织单位为积极参与“绿色社区”创建，且成绩显著的有关部门；先进个人为社区、有关部门在创建“绿色社区”工作中表现突出的人员。

第三条 2005 年全国“绿色社区”表彰规模及名额分配的确定，以鼓励参与、实事求是为原则。每个省、自治区、直辖市可推荐 1 个优秀组织单位、2 名先进个人。

第四条 国家环保总局成立 2005 年全国“绿色社区”表彰领导小组，下设领导小组办公室，负责全国“绿色社区”表彰的指导、协调和组织评审、抽查等工作；办公室聘请环保工作者、社区工作者、教育工作者、环保志愿者等各有关方面人士为专家，参与表彰的咨询、评审、抽查等工作。

第五条 由各省、自治区、直辖市环保局（厅）负责组织、汇总、筛选、审定本地区的“绿色社区”、优秀组织单位和先进个人推荐名单，详细填写申报表格和整理申报材料，集中报送到 2005 年全国“绿色社区”表彰领导小组办公室。

第六条 申报表格和材料应包括《2005 年全国绿色社区表彰申报表》、《2005 年全国绿色社区表彰优秀组织单位申报表》、《2005

年全国绿色社区表彰先进个人申报表》、文字总结材料（A4 纸）、图片资料各一式三份，并附以上材料的光盘或软盘一份；声像材料光盘或录像带一份。申报表格和材料必须使用原章，复印无效。有关申报表格可从 http：//www.chinaeol.net/lssq 下载。

第七条 为保持受到表彰的全国“绿色社区”的示范作用，国家环保总局“绿色社区”创建指导委员会将在适当时候进行复查，对不符合要求的，报请国家环保总局取消其荣誉称号。

附件 2：

2005 年全国绿色社区表彰评估标准

一、基本条件

1．居民对社区环境状况满意率大于 80%

2．小区居民户数应具有一定规模

小区居民一般应达 2000 户，新建小区入住率达 80%。

3．各种污染源全部实现达标排放

严格遵守环境保护的法律法规，无违反环保法律法规的行为，没有环境纠纷或纠纷问题得到了合理解决。

二、健全的环境管理和监督机制

1．成立创建领导机构

领导机构由街道牵头组织，街道办事处的社区办、文明办、城建科、宣传部、妇联等职能部门及环保、学校和驻社区单位等相关单位组成。

2．成立创建执行机构

执行机构以社区为单位，由居（家）委会或物业管理公司、居民代表、学校和驻社区单位的相关人员组成。

3．制订创建工作计划和实施方案

在社区工作计划中环境保护工作有专门的内容，有创建“绿色社区”的具体措施，并按照计划将任务落实到相关部门，责任落实到人。

4．建立创建工作档案记录

社区基础资料齐全，创建工作计划和实施方案、会议记录、活动介绍、阶段工作总结、背景资料完整，并附有照片、音像资料等。档案有专人负责，管理有序。

5．建立“绿色志愿者”队伍

建立一支或几支以社区居民为主体的“绿色志愿者”队伍，并积极开展活动。

6．定期组织机构人员的学习和培训

以课堂培训、实地考察、参加交流活动等方式，组织领导机构和执行机构的人员进行学习和培训。

7．建立环境管理协调机制

建立与政府部门、居民、驻社区单位定期召开联席会议的制度，共同商讨社区内的环境事务，并将创建计划和实施方案以居民大会、张贴公告等方式公开征求居民的意见或告知，环境投诉问题得到有效解决。

8．建立可持续改进的自我完善体系

社区按阶段进行自评和总结，对出现的问题进行纠正，自我完善，建立健康持续的改进机制。

三、防治社区环境污染

1．生活污水排放符合环保要求

生活污水排入市政管网或有污水处理设施并达标排放；新建社区实行雨污分流。

2．实行生活垃圾分类回收

生活垃圾袋装化，有分类回收装置和明显标志，定点存放，日产日清。居民都能按照要求分类投放垃圾。

3．无噪声扰民环境问题

社区内施工及装修严格遵守国家法律法规和工作时间制度，不在居民休息时间使用噪声大的设备。

四、社区环境整洁优美

1．社区环境整洁

各种公共设施保持完好，各个公共场所的环境管理有序；车辆无乱停乱放，机动车有环保标志；无露天市场和违章建筑；无乱张贴；无违法搭建、流动摊亭；无焚烧垃圾、树叶、露天烧烤等现象；饮食服务业油烟经过处理并达标排放，无扰民现象；社区内无冒黑烟情况，居民不购买、不使用散煤；建筑、拆迁、市政等工程采取防尘措施。

2．社区绿化美化舒适

社区可绿化面积达到35%以上，无毁绿现象，对古树和名树加以重点保护；社区内有宽松的休闲、娱乐、活动的公共场所。

五、积极开展环境宣传教育

1．环境宣传措施到位

社区设有固定环保橱窗、宣传栏；及时发布环境信息；每年至少组织2次100名以上居民参加的环保活动。

2．环境教育制度完善

社区内有环境宣传教育的设施；社区内有30种以上的环保类书籍、音像及图文资料；结合社区实际以环保课堂、参与活动、实地考察等形式对居民进行经常性环境教育，每季度至少1次。

六、居民环境意识高

1．社区居民环境意识较高，自觉保护环境

社区内各单位和居民能自觉遵守环保法规；居民爱护社区内环保和其他公共设施；对列入国家保护名录的野生动植物，无销售、食用现象；居民自觉采取节水、节电、资源循环利用等有益于环保的行为。

2．使用环保型商品

社区内单位和居民不使用一次性发泡餐具；提倡使用获得环境标志或节能标志等对环境友好的无磷洗衣粉、冰箱、空调等环保电器。

七、附加分

1．获得过国家级、省级政府命名表彰的文明社区、社区建设示范区、生态小区、安静小区等。

2．已通过 ISO 14000 环境管理体系认证。

3．社区特色。

社区结合自身人文、地域等特点，开展特色活动并取得良好效果。社区建设的规划和设计符合生态环保要求，使用了环保的建筑材料和节能的设备。

八、评分标准及考核方式

	总分	内容	分数	考核方式	评分标准	考评成绩
基本条件	20	1．居民对社区环境满意率大于 80%	2	发放问卷、抽样调查	达到标准的计 2 分，未达到标准不能被表彰	
		2．小区居民户数应具有一定规模 居民户数一般应达 2 000 户，新建小区入住率达 80%	2		达到标准的计 2 分，未达到标准不能被表彰	
		3．各种污染源全部实现达标排放	16	检查环境监测等及材料相关文件	达到标准的计 2 分，未达到标准不能被表彰	
健全的环境管理和监督机制	30	1．成立创建领导机构	4	检查机构人员组成及分工情况，出示相关文件、档案	未成立扣 4 分	
		2．成立创建执行机构	4	检查机构人员组成及分工情况，出示相关文件、档案	未成立扣 4 分	
		3．制订创建工作计划和实施方案并落实到部门及人	4	计划切实可行，目标清晰，措施有力，落实到位	未定计划扣 2 分，计划不完整扣 1 分，未落实到部门和人扣 2 分	
		4．建立创建工作档案记录	4	检查有关文件	未建档案扣 4 分，档案不全依程度扣 1～3 分	
		5．建立“绿色志愿者”队伍	4	检查名单及活动介绍	未有志愿者队伍扣 4 分，作用不强扣 2 分	
		6．定期组织机构人员的学习和培训	4	检查培训记录、问卷调查、现场考核	未组织培训扣 4 分	

	总分	内容	分数	考核方式	评分标准	考评成绩
		7．建立环境管理协调机制	4	检查有关文件、听取汇报、走访居民	制度未建立的扣 4 分，有制度但环境投诉问题未得到有效解决的扣 2 分	
		8．建立可持续改进的自我完善体系	2	检查文件，听取汇报	未建立体系的扣 2 分	
防治社区环境污染	10	1．生活污水排放符合环保要求	2	检查监测报告，现场检查	不符合要求扣 2 分	
		2．实行生活垃圾分类回收 ①生活垃圾袋装化；②有分类回收装置和明显标志，定点存放，日产日清；③居民都能按照要求分类投放垃圾	6	现场检查，走访居民	缺一项扣 2 分	
		3．无噪声扰民环境问题，达到国家安静小区标准	2	现场检查，走访居民	不符合要求扣 2 分	
社区环境整洁优美	12	1．社区环境整洁 ①各种公共设施保持完好，各个公共场所环境管理有序；②车辆无乱停乱放，机动车有环保标志；③无露天市场和违章建筑；④无乱张贴；⑤无违法搭建、流动摊亭；⑥无焚烧垃圾、树叶、露天烧烤等现象；⑦饮食服务业油烟经过处理并达标排放；⑧社区内无冒黑烟情况，居民不购买、不使用散煤；⑨建筑、拆迁、市政等工程采取防尘措施	9	现场检查	缺一项扣 1 分	

	总分	内容	分数	考核方式	评分标准	考评成绩
		2．社区绿化美化舒适 ①社区可绿化面积达到 35%以上；②无毁绿现象，对古树和名树加以重点保护；③社区内有宽松的休闲、娱乐、活动公共场所	3	现场检查	缺一项扣 1 分	
积极开展环境宣教	10	1．环境宣传措施到位 ①社区设有固定环保橱窗、宣传栏、环境警示牌等；②及时发布环境信息；③每年至少组织 2 次 100 名以上居民参加的环保活动	5	现场检查，查看活动记录	缺一项扣 2 分，全缺扣 5 分	
		2．环境教育经常化 ①社区开展了“绿色家庭”、绿色消费等活动；②社区内有 30 种以上的环保类书籍、音像及图文资料；③结合社区实际以环保课堂、参与活动、实地考察等形式对居民进行经常性环境教育，每季度至少 1 次	5	现场检查，检查活动记录及相关资料	缺一项扣 2 分，全缺扣 5 分	

	总分	内容	分数	考核方式	评分标准	考评成绩
居民环境意识高	8	1．社区居民环境意识高，自觉保护环境 ①社区内各单位和居民能自觉遵守环保法规；②居民爱护社区内环保及其他公共设施；③对列入国家保护名录的野生动植物，无销售、食用现象；④居民自觉采取节水、节电、资源循环利用等环保行为	4	问卷调查，走访居民，现场检查	缺一项扣 1 分	
		2．使用环保型商品 ①社区内单位和居民不使用一次性发泡餐具；②提倡使用获得环境标志或节能标志等对环境友好的无磷洗衣粉、冰箱、空调等环保电器	4	现场检查，检查数据统计记录，问卷调查	问卷调查合格率低于 80%，扣 3 分，低于 60%，扣 4 分	
附加分	10	1．获得过国家级、省级政府命名表彰的社区，如文明社区、社区建设示范区、生态小区、安静小区等	3	检查有关命名表彰文件	获得过一项命名表彰可得 2 分，满分 3 分	
		2．已通过 ISO 14000 环境管理体系认证	4	检查审核文件		
		3．社区特色 ①社区结合自身人文、地域等特点，开展特色活动并取得良好效果；②社区建设的规划与设计符合生态环保要求，使用了环保的建筑材料和节能的设备	3	检查有关文件，实地走访	根据实际情况每项得 2 分，满分 3 分	

关于表彰2005年全国绿色社区创建活动先进社区、优秀组织单位及先进个人的决定

（环发[2005]70号）

各省、自治区、直辖市环境保护局（厅）：

根据我局《关于推荐表彰2005年全国绿色社区有关工作的通知》（环办函[2005]216号），经各省、自治区、直辖市环境保护局（厅）推荐及全国“绿色社区”表彰领导小组最终审定，我局决定对北京市东城区和平里街道小黄庄社区等112所全国“绿色社区”创建活动先进社区给予表彰；对在组织、指导“绿色社区”创建活动中表现突出的北京市丰台区环境保护局等39个全国“绿色社区”创建活动优秀组织单位、李文等61名全国“绿色社区”创建活动先进个人进行表彰。

希望受到表彰的社区、个人和有关单位再接再厉，积极探索。希望各级环保部门继续加强对“绿色社区”创建活动的指导和协调，及时总结经验，不断提高创建水平，扩大创建规模，推进“绿色社区”创建活动深入开展，努力构建资源节约型与环境友好型社会。

附件：1. 2005年全国绿色社区创建活动先进社区名单

2. 2005年全国绿色社区创建活动优秀组织单位名单

3. 2005年全国绿色社区创建活动先进个人名单

二○○五年五月三十一日

附件 1：

2005 年全国绿色社区创建活动先进社区名单（112 个）

北京市（3 个）

东城区和平里街道小黄庄社区
宣武区白纸坊街道建功南里社区
西城区金融街街道丰汇园社区

天津市（3 个）

武清区开发区栖仙社区
塘沽区解放路街道海河园
北辰区天辰社区

河北省（2 个）

邯郸市峰逢矿区春光园社区
廊坊市广阳区康乐社区

山西省（1 个）

太原市尖草坪区古城街道翠馨苑社区
内蒙古自治区（1 个）
包头市青山区富强路锦林社区

辽宁省（6 个）

沈阳市东陵区万科花园新城社区
大连市中山区青云林海物业社区
鞍山市铁东区东山社区
锦州市凌河区世纪花园社区
盘锦市兴隆台区新广厦社区
辽阳市宏伟区鹏程园社区

吉林省（2个）

长春市威尼斯花园
四平市海银绿苑明月小区

黑龙江省（5个）

哈尔滨市锦江绿色家园
黑龙江省农垦总局格球山农场社区
牡丹江市鸿峰小区
哈尔滨市闽江社区
牡丹江市丁香园小区

上海市（3个）

长宁区虹桥街道虹储小区
龙柏三村一小区
杨浦区五角场镇兰花教师公寓

江苏省（6个）

张家港市杨舍镇万红社区
常孰市虞山镇枫泾社区居委会
昆山市亭林街道里库社区
南京市江宁区百家湖街道办事处太平社区
徐州市云龙区彭城街道办事处晓光社区
盐城市亭湖区南苑社区

浙江省（10个）

杭州市江干区采荷街道洁莲社区
杭州市西湖区文新街道德加社区
宁波市海曙区西门街道北郊社区
宁波市江东区东柳街道东海花园社区
温州市鹿城区蒲鞋市街道绿园社区
嘉兴市海盐核电南苑社区
绍兴市绍兴县科桥街道百福园社区

金华市婺城区城北街道北苑社区
台州市椒江区海门街道建设社区
湖州市凤凰街道凤凰四社区

福建省（8个）

福州市鼓楼区天元社区
福州市鼓楼区锦江社区
厦门市思明区鼓浪屿街道龙头社区
厦门市思明区莲前街道瑞景社区
泉州市丰泽区东湖街道圣湖社区
漳州市芗城区华元社区
南平市延平区南铝社区
南平市延平区四鹤街道杨中社区

江西省（2个）

南昌市西湖区十字街街道建设桥社区
九江市浔阳区白水湖街道庐峰花园社区

安徽省（2个）

合肥市蜀山区琥珀山庄
芜湖市马塘区南瑞街道沐春园社区

山东省（8个）

济南市市中区四季花园社区
淄博市临淄区稷下街道金茵社区
寿光市兆祥小区居委会
济宁市洸河花园社区
临沂市兰山区曹家王庄社区居委会
青岛市珠海路街道办事处
青岛市市南区八大关街道办事处
青岛市北区浮山后社区六小区

河南省（5个）

洛阳市西工区014中心社区
郑州市送变电社区
漯河市文萃江南社区
开封市顺河回族区工业办事处六四六社区
郑州市二七区大学路街道办事处嵩山社区

湖北省（2个）

武汉市常青花园第三社区
鄂州市鼓楼街道办事处花园社区

湖南省（4个）

长沙市雨花区同升湖山庄
岳阳市泰格林纸洪家洲社区
长沙市芙蓉区德政园社区
长沙市芙蓉区军区社区

广东省（10个）

广州市越秀区洪桥街三眼井社区
广州市荔湾区金花街桃源社区
广州市番禺区金海岸花园社区
深圳市华侨城社区
深圳市福田区益田村社区
深圳市福田区梅林一村社区
汕头市龙湖区锦泰花园社区
东莞市莞城区步步高社区
东莞市常平镇东田丽园社区
江门市蓬江区环市街怡康社区

广西壮族自治区（3个）

梧州市恒祥花苑社区
南宁市翡翠园小区

桂林市新洲花园社区

重庆市（3个）

渝中区竞地城市花园社区

万州区兴茂渝东大花园社区

綦江县石壕煤矿社区

四川省（4个）

成都市武侯区丽都花园社区

攀枝花市东区大渡口街道东方红社区

绵阳市涪城区花园社区

自贡市自流井区东街钟云山社区

云南省（4个）

昆明市盘龙区世博佳园生态社区

昆明市官渡区银海森林小区

曲靖市南片区阳光花园

昆明市高新技术产业开发区海源路百大国际花园社区

贵州省（2个）

贵阳市小河区兴隆城市花园

遵义市红花岗区桃溪河畔生态住宅小区

西藏自治区（1个）

拉萨市鲁固社区居民委员会

陕西省（5个）

榆林市神东公司大柳塔小区

咸阳市长庆石化生活小区

西安市未央区长庆兴隆园社区

西安市高新开发区枫叶新都市

铜川市中铁一局一公司铁一处社区

甘肃省（1个）

兰州市城关区新港城

宁夏回族自治区（2个）

银川市兴庆区凤凰北街崇安社区

银川市长庆银川燕鸽湖社区

新疆维吾尔自治区（4个）

乌鲁木齐市沙依巴克区八一街道办事处农科院社区

石河子市东城街道办事处56号社区

克拉玛依市克拉玛依区昆仑路街道办事处南林社区

巴州库尔勒市塔里木石油社区

附件2：

2005年全国绿色社区创建活动优秀组织单位名单（28个省、市39个单位）

北京市丰台区环保局

天津市环保局、天津市文明办、天津市民政局、天津市团市委、天津市妇联

河北省邯郸市环保局

山西省太原市环保局迎泽分局

内蒙古自治区包头市文明办、包头市环保局、包头市民政局、包头市妇联

辽宁省沈阳市东陵区环保局

吉林省环保宣传中心

黑龙江省环保局

上海市普陀区环保局

江苏省苏州市环保局

浙江省环保局、浙江省文明办

福建省环保局

江西省环保宣教中心
安徽省芜湖市环保局
山东省环保局、青岛市环保宣教中心
河南省郑州市环保（宣教）信息中心
湖北省环保宣教中心
湖南省长沙市芙蓉区环保局
广东省广州市荔湾区环保局
广西省南宁市环境宣教中心
重庆市文明办、重庆市市政管委、重庆市环保局
成都市环保局
云南省昆明市环保局
贵州省贵阳市环保局
西藏自治区拉萨市城关区鲁固社区居民委员会
陕西省西安市环保局
甘新疆维吾尔自治区文明办

附件 3:

2005 年全国绿色社区创建活动先进个人名单（61 人）

北京市（2 人）

李　文　西城区委宣传部、区文明办
房兰芹　顺义区胜利街道胜利居委会

天津市（2 人）

白凤祥　共青团天津市塘沽区委员会
马国文　北辰区妇联会

河北省（1 人）

高旭民　廊坊市环保局自然保护科

山西省（2人）

高士媛　山西省环境保护局
钱永俭　山西省环境保护局

内蒙古自治区（2人）

曹玉萍　包头市青山区富强路办事处锦林社区居委会
张金胜　包头市环保宣教中心

辽宁省（3人）

高　岩　沈阳市环保局宣教中心
田彩云　大连市西岗区八一路街道林茂社区
王胜利　盘锦市环保局

吉林省（2人）

霍胜飞　四平市环保宣教中心
杨　宏　吉林省环保宣传中心

黑龙江省（2人）

张彦林　哈尔滨市环境宣教信息中心
甄　宏　黑龙江省农垦总局环保局

上海市（2人）

唐国妹　长宁区环保局
陈金华　普陀区环保局

江苏省（2人）

张　丽　江苏省环保宣教中心
杨惠洁　苏州市环保局宣教处

浙江省（3人）

孙顺友　浙江省环保局宣教办
刘金岱　浙江省精神文明办城市处
寿颖慧　浙江省环境宣教中心

福建省（2人）

郭秋水 福州市鼓楼区人民政府

郑金华 南平市延平区环保局

江西省（2人）

李高亮 南昌市环保局宣传法规处

于　韧 南昌市西湖区十字街街道建设桥社区居委会

安徽省（2人）

侯海涛 马鞍山市环保局

曹　毅 合肥市庐阳区文明办

山东省（4人）

屠艳苹 山东省环保宣传中心

董立军 济南市环保宣教中心

陈　磊 青岛市环保宣教中心

徐永忠 青岛市环保局市南分局

河南省（2人）

焦万益 河南省环保宣教中心

王铁良 洛阳市环保宣教中心

湖北省（2人）

宋小华 湖北省环保宣教中心

余　军 鄂州市环保局

湖南省（2人）

刘忠良 岳阳市环保局

余　笑 长沙市环保局宣教站

广东省（2人）

林春明 广东省环保宣教中心

陈伟元 深圳市环保局

广西壮族自治区（1人）

宋小玉　柳州市环保局

重庆市（2人）

雷学良　重庆市绿色社区创建办公室

叶天秀　重庆市竞地物业管理有限公司

四川省（2人）

李长明　成都市环保宣教中心

刘富中　攀枝花市环保局

云南省（3人）

刘祖德　昆明市官渡区环保局

普仲韬　昆明市世博佳园生态社区

陶云川　曲靖市麒麟区环保局

贵州省（2人）

帅　江　贵阳市环保局

董　平　贵阳市世纪中天投资有限公司中天花园房地产公司

西藏自治区（1人）

扎巴云丹　拉萨市鲁固社区居委会

陕西省（4人）

张喜文　中国石油天然气股份有限公司长庆石化分公司

白文运　长庆石油勘探局公用事业处

张　程　神东公司大柳塔物业处

杜芳清　中铁一局一公司铜川物业公司

甘肃省（2人）

李兆英　甘肃省环境宣教中心

武成智　甘肃省环境宣教中心

宁夏回族自治区（1人）

陈有仁　长庆石油勘探局银川物业管理处

新疆维吾尔自治区（2人）

孙新刚　新疆维吾尔自治区精神文明办

殷惠民　乌鲁木齐市环保局

关于推荐第二批全国绿色社区创建活动先进社区的通知

（环函[2007]89 号）

各省、自治区、直辖市环境保护局（厅），计划单列市环境保护局，新疆生产建设兵团环境保护局：

2004 年以来，我局在全国范围内开展了绿色社区创建活动，对进一步提高社区环境管理水平，增强公众环境意识，推进环境友好型社会建设发挥了积极作用。为进一步推动创建活动的开展，经研究，我局决定表彰第二批全国绿色社区创建活动先进社区、优秀组织单位和先进个人。现将有关事项通知如下：

一、请各省级环保部门按照《全国绿色社区创建活动先进社区表彰推荐办法》（附件 1）的有关规定，从省级绿色社区中遴选表彰候选社区名单（名额分配见附件 2），向全国绿色社区表彰领导小组办公室等额推荐。推荐工作要实事求是、客观公正。被推荐的社区必须符合国家表彰绿色社区的标准，在全国起到示范作用。

二、全国绿色社区表彰领导小组办公室收到推荐材料后，将组织有关专家对推荐材料进行评审，并对部分社区进行实地抽查。

三、通过评审的单位和个人名单将在《中国环境报》和国家环保总局政府门户网站进行公示。最终确认的绿色社区（推荐表见附件三）、优秀组织单位（推荐表见附件四）和先进个人（推荐表见附件五），国家环保总局将向社会公布并授予证书和奖牌。

四、推荐及申报工作由各省级环保宣教主管部门负责。请于 2007 年 4 月 15 日前（以寄出日期邮戳为准）将表彰推荐材料报送至全国绿色社区表彰领导小组办公室。有关申报用空白表格请从国家环保总局政府门户网站（www.mep.gov.cn）下载。

联系人：曾红鹰、高俊萍、焦志强
地　址：国家环保总局宣传教育中心
　　　　北京市朝阳区育慧南路一号
邮　编：100029
电　话：（010）84634281、（010）84665678、（010）84640857
传　真：（010）84640884
电子邮件：greencom@126.com

附件：1. 全国绿色社区创建活动先进社区表彰推荐办法
　　2. 2007 年全国绿色社区创建活动表彰推荐名额分配表（略）
　　3. 2007 年全国绿色社区创建活动先进社区表彰推荐表（略）
　　4. 2007 年全国绿色社区创建活动优秀组织单位表彰推荐表（略）
　　5. 2007 年全国绿色社区创建活动先进个人表彰推荐表（略）

二○○七年三月九日

附件 1：

全国绿色社区创建活动先进社区表彰推荐办法

一、全国“绿色社区”创建活动先进社区（以下简称“绿色社区”）表彰范围包括全国城市和乡镇社区。被推荐的社区须符合国家环保总局《关于推荐表彰 2005 年全国绿色社区有关工作的通知》（环办函[2005]216 号）中规定的评分标准，且于 2006 年 12 月 31 日前获得命名的省级“绿色社区”（以正式命名文件发文日期为准）。

二、全国“绿色社区”创建活动表彰共三项：全国“绿色社区”创建活动先进社区、全国“绿色社区”创建活动优秀组织单位、全国“绿色社区”创建活动先进个人。

三、推荐过程要坚持逐级推荐申报原则。“绿色社区”表彰名单首先经过各地、市、州级环保和其他主管部门正式书面确认后，经省级环保主管部门向全国绿色社区表彰领导小组办公室报送推荐文件和相关申报材料。

四、在表彰推荐过程中任何部门和个人不得收取任何推荐费用和进行摊派活动，也不得借推荐之机要求社区购买图书资料或收费宣传活动，一经发现，将给予通报批评，并取消这一地区的推荐资格。

五、各省、自治区、直辖市、计划单列市和新疆生产建设兵团按分配名额向全国“绿色社区”表彰领导小组办公室。

六、申报材料具体要求：

（一）“绿色社区”创建活动先进社区申报材料要求

全国“绿色社区”创建活动先进社区申报材料包括：《2007 年全国“绿色社区”创建活动先进社区表彰推荐表》和《申报说明材料》。

1. 《表彰推荐表》书面打印稿一式一份。文字简明扼要。

2. 《申报说明材料》包含文字报告、活动图片及音像资料三部分，活动图片和音像资料为参考内容，以光盘形式报送。

（二）全国绿色社区创建活动优秀组织单位推荐要求

1. 推荐对象为省、市、县有关主管部门和民间组织；

2. 积极参加全国绿色社区创建活动，并在当地绿色社区创建活动中成绩显著，获得一定经验并可推广，有一定示范作用；

3. 递交全国绿色社区创建活动优秀组织单位推荐表一式一份。

（三）全国绿色社区创建活动先进个人推荐要求

1. 推荐对象为社区和各级主管部门工作人员；每个社区含先进个人一名，其余为主管部门工作人员；

2. 在“绿色社区”创建工作中积极开展活动，成绩突出，具有一定的社会影响；

3. 具备两年“绿色社区”创建工作的经验；

4．递交全国绿色社区创建活动先进个人推荐表一式一份。

各省级环保主管部门及申请表彰社区要保证申报材料的规范和真实，一旦发现弄虚作假，将视情节轻重，将取消该地区的参评资格。

七、全国绿色社区表彰领导小组办公室接受各地表彰申报材料的截止日期为 2007 年 4 月 15 日。环保总局拟于 2007 年世界环境日期间在京召开全国绿色创建活动（含社区）表彰大会。

关于表彰第二批全国“绿色社区”创建活动先进单位和个人的决定

（环发[2007]70号）

各省、自治区、直辖市环境保护局（厅），新疆生产建设兵团环境保护局：

根据国家环保总局《关于推荐第二批全国绿色社区创建活动先进社区的通知》（环函[2007]89 号）要求，经各地推荐及全国“绿色社区”表彰领导小组审定，现决定对北京市东城区东直门街道清水苑社区等 124 个全国“绿色社区”创建活动先进社区给予表彰；对在组织、指导“绿色社区”创建活动中表现突出的北京市密云县环境保护局等 40 个全国“绿色社区”创建活动优秀组织单位、北京市西城区环保局郑伟英等 167 名全国“绿色社区”创建活动先进个人进行表彰。

希望受到表彰的社区、单位和个人再接再厉，不断探索，取得新的成绩。各级环保部门要继续加强对“绿色社区”创建活动的指导和协调，及时总结经验，不断提高创建水平，为建设环境友好型社会作出贡献。

附件：1．2007 年全国“绿色社区”创建活动先进社区名单

2．2007 年全国“绿色社区”创建活动优秀组织单位名单

3．2007 年全国“绿色社区”创建活动先进个人名单

国家环境保护总局

二〇〇七年五月十五日

附件 1：

2007 年全国“绿色社区”创建活动先进社区名单
（124 个）

北京市（10 个）

东城区东直门街道清水苑社区
宣武区椿树街道椿树园社区
朝阳区香河园街道西坝河西里社区
海淀区八里庄街道北京印象社区
丰台区马家堡街道嘉园一里社区
石景山区八角街道八角北路社区
大兴区清源街道兴华园社区
房山区星城街道星城社区
顺义区胜利街道西辛南社区
密云县鼓楼街道沿湖社区

天津市（4 个）

和平区小白楼街崇仁里社区
大港区海滨街道幸福里小区
河北区月牙河街大江里社区
南开区华苑街日华里社区

河北省（2 个）

迁安市兴盛明珠花园社区
邯郸市水电公寓社区

内蒙古自治区（3 个）

呼和浩特市赛罕区学府花园社区
通辽市奈曼旗大沁他拉镇富康社区
赤峰市红山区松州园社区

辽宁省（4个）

沈阳市沈河区总院社区
本溪市明山区樱桃社区
辽阳市太子河区中兴社区
大连市西岗区林茂社区

吉林省（1个）

长春市中海水岸春城小区

上海市（1个）

普陀区上海知音苑社区

江苏省（15个）

南京市白下区月牙湖办事处二十八所社区
南京市鼓楼区湖南路街道丁家桥社区
南京市六合区山潘街道扬子第八社区
无锡市新区硕放街道南星苑第二社区
无锡市锡山区东亭街道春江花园社区
宜兴市宜城街道茶东社区
苏州新区狮山街道馨泰社区
苏州工业园区都市社区
吴江市同里镇鱼行社区
太仓市城厢镇县府社区
张家港市杨舍镇前溪社区
南通市海安县海安镇中心街道星海社区
扬州市广陵区曲江街道文昌花园社区
扬州市邗江区邗上街道贯桥社区
镇江市京口区正东路街道江科大社区

浙江省（17个）

杭州市上城区青年路社区
杭州市下城区稻香园社区

杭州市余杭区新城社区
宁波市海曙区天一家园社区
宁波市北仑区芝兰社区
温州市鹿城区迎春社区
温州市龙湾区罗东锦苑社区
湖州市吴兴区白鱼潭社区
嘉兴市嘉善县玉兰社区
金华市婺城区雅苑社区
义乌市江滨社区
绍兴市越城区罗门社区
绍兴市越城区龙洲花园社区
衢州市柯城区府山社区
舟山市定海区香园社区
临海市大洋社区
丽水市莲都区东银苑社区

福建省（3个）

福州市晋安区日出东方社区
泉州市丰泽区丰泽社区
厦门市思明区莲花五村社区

江西省（2个）

景德镇市珠山区珠山街道莲花塘社区
九江市浔阳区甘棠街道南司社区

安徽省（1个）

马鞍山市南湖社区

山东省（11个）

济南市槐荫区营市街街道绿园社区
桓台县羿景嘉园社区
烟台市芝罘区奇山小区

潍坊市奎文区廿里堡街道南屯新村社区
邹城市兖矿集团物业分公司铁西社区
泰安市泰山区上高街道华新社区
威海市环翠区鲸园菊花顶社区
日照市日照港（集团）第三生活区社区
德州市德城区新华街道新华社区
聊城市中华电厂乐园小区
青岛市市南区香港中路社区

河南省（4个）

郑州市思念果岭山水社区
中国石化集团河南石油勘探局五一社区
新乡市星湖花园社区
安阳市颐欣苑社区

湖北省（3个）

武汉市江岸区百步亭花园社区
武汉市江汉区万松街新业小区
宜都市陆城街名都花园社区

湖南省（3个）

郴州市永兴县国税社区
长沙市芙蓉区湘湖街道西湖社区
长沙市天心区新天社区

广东省（11个）

广州市越秀区东湖街小东园社区
广州市荔湾区昌华街西关大屋社区
广州市海珠区保利花园社区
珠海市五洲花城澳洲园社区
佛山市顺德区容桂街道振华社区
惠州市惠城区金迪星苑社区

广州军区广州总医院流花桥社区
东莞市茶山镇新世纪丽江豪园社区
江门市蓬江区仓后街农林社区
湛江经济技术开发区乐华街道明哲社区
深圳市桃源居社区

广西壮族自治区（9个）

玉林市玉柴英华小区
南宁市澳洲丽园小区
南宁市欧景庭园小区
梧州市广宇花园小区
梧州市世纪新城小区
柳州市柳南区金绿洲小区
柳州市柳北区笔架社区
贵港市阳光都市小区
百色市政府机关大院小区

海南省（1个）

海口市长信社区

重庆市（2个）

北碚区西师社区
荣昌县桂花社区

四川省（4个）

四川石油管理局川西北石油基地社区
攀枝花市东区南山街道春江路社区
成都市金牛区黄忠街道金沙公园社区
泸州市江阳区大山坪街道南苑社区

云南省（3个）

大理白族自治州玉洱社区

玉溪市葫田社区
曲靖市麒东社区

贵州省（1个）

贵阳市中天花园社区

陕西省（4个）

长庆石油勘探局钻井工程总公司礼泉社区
西安市建筑科技大学社区
西安市长庆龙凤园社区
靖边长庆集团新隆园小区

甘肃省（1个）

兰州市薇乐花园社区

新疆维吾尔自治区（3个）

乌鲁木齐市天山区昌乐园社区
昌吉州昌吉市上海花园小区社区
阿克苏地区阿克苏市南城街道火车站社区

新疆生产建设兵团（1个）

生产建设兵团农十师北屯幸福社区

附件2：

第二批全国“绿色社区”创建活动优秀组织单位名单（40个）

北京市（2个）

密云县环境保护局
首都精神文明建设委员会办公室

天津市（1个）

天津市环境保护局

河北省（1个）

河北省环境保护宣传教育中心

山西省（1个）

太原市环境保护宣传教育中心

内蒙古自治区（1个）

满洲里市环保局

辽宁省（2个）

辽宁省环境保护宣传教育中心

大连市环境宣传教育中心

吉林省（1个）

长春市环境保护宣传中心

黑龙江省（1个）

哈尔滨市环境宣教信息中心

江苏省（3个）

南京市环境保护局

无锡市环境保护局

苏州张家港市环境保护局

浙江省（4个）

浙江省环境保护局

浙江省精神文明建设委员会办公室

杭州市环境保护局

宁波市环境保护宣传教育信息中心

福建省（2个）

福建省环境保护宣传教育中心

厦门市环境宣传教育中心

江西省（1个）

江西省环保宣教中心

山东省（3个）

烟台市环保局

潍坊市环保局奎文分局

青岛市环境保护宣传教育中心

河南省（1个）

河南省环保宣传教育中心

湖北省（1个）

湖北省黄石市环保宣教信息中心

湖南省（1个）

湖南省长沙市芙蓉区火星街道办事处

广东省（3个）

广东省环境保护宣传教育中心

广州市越秀区环境保护局

深圳市南山区环境保护局

广西壮族自治区（2个）

中共柳州市委精神文明建设委员会办公室

梧州市环境保护局

海南省（1个）

海南省国土环境资源宣教培训中心

重庆市（1个）

重庆市环保局

四川省（1个）

四川石油管理局川西北公共事务管理中心

云南省（1个）

曲靖市麒麟区环保局

贵州省（1个）

赤水市环保局

陕西省（1个）

陕西省环境保护宣传教育中心

甘肃省（1个）

庆阳市环境保护局

青海省（1个）

青海省环境保护宣传教育中心

新疆维吾尔自治区（1个）

新疆环境保护宣教中心

附件3：

2007年全国“绿色社区”创建活动先进个人名单（167人）

北京市（13名）

郑伟英　西城区环境保护局

郝晓玲　顺义区胜利街道办事处

李志坚　怀柔区环境保护局

宋淑贤　东城区东直门街道清水苑社区

付雨玲　宣武区椿树园社区
王相惠　朝阳区香河园街道西坝河西里社区
秦　涌　海淀区八里庄街道北京印象社区
宫翠芬　丰台区马家堡嘉园一里社区
孙秀兰　石景山区八角街道八角北路社区
栗书平　大兴区清源街道兴华园社区
都学波　房山区星城街道星城社区
娄玉凤　密云县鼓楼街道办事处沿湖社区
沈玉华　顺义区胜利街道西辛南社区

天津市（5名）

张　涛　天津市环境保护宣传教育中心
刘淑华　南开区华苑街日华里社区居委会
李　梅　河北区月牙河街大江里社区居委会
刘方贤　和平区小白楼街崇仁里社区居委会
常　青　大港区海滨街道办事处幸福居委会

河北省（3名）

徐俊华　河北省环境保护宣传教育中心
王翠芝　迁安市城区街道办事处
安凤玲　邯郸市诸河路街道办事处

山西省（1名）

于　爽　太原市环境保护宣传教育中心

内蒙古自治区（4名）

李　芳　乌海市环境保护局
张　普　呼和浩特市赛罕区大学西路街道办事处
白冬梅　通辽市奈曼旗大沁他拉镇富康社区
苏玉峰　赤峰市红山区站前街道办事处

辽宁省（7名）

李　超　沈阳市环境保护局
张敬革　抚顺市环境保护宣传教育中心
蒋　慧　大连市环境宣传教育中心
徐　平　沈阳市沈河区总院社区
周　义　本溪市明山区樱桃社区
佟九凯　辽阳市太子河区新华街道办事处
于丽琴　大连市中山区青云林海社区

吉林省（2名）

杨淑华　吉林省环境保护宣传中心
王大军　长春市中海物业管理有限公司

黑龙江省（1名）

杜玉芬　黑龙江省哈尔滨市道外区环境保护局

江苏省（20名）

刘青松　江苏省环境保护厅宣传教育处
徐建明　苏州市环境保护局
梅益凤　南京市环境保护宣传教育中心
陆　敏　镇江市环境保护宣传教育中心
言世浩　昆山市环境保护局
庄启财　南京市白下区月牙湖办事处二十八所社区
夏晓丽　南京市鼓楼区湖南路街道丁家桥社区
韩建春　南京市六合区山潘街道扬子第八社区
周家明　无锡市新区硕放街道南星苑第二社区
陆建芳　无锡市锡山区东亭街道春江花园社区
蒋文皎　宜兴市宜城街道茶东社区
高睿川　苏州新区狮山街道馨泰社区
黄　克　苏州工业园区都市社区
李　红　吴江市同里镇鱼行社区

姜士明　太仓市城厢镇县府社区
缪德兴　张家港市杨舍镇前溪社区
张梅华　南通市海安县海安镇中心街道星海社区
郑　翔　扬州市广陵区曲江街道文昌花园社区
陈　飞　扬州市邗江区邗上街道贾桥社区
陈月云　镇江市京口区正东路街道江科大社区

浙江省（23 名）

史秀亚　宁波市环境保护宣传教育信息中心
汪红所　温州市环境信息宣教中心
周建华　湖州市环境保护局
李永光　嘉兴市嘉善县环境保护局
叶秀君　金华市精神文明建设委员会办公室
赵　新　绍兴市环境保护局生态处
章国娟　杭州市上城区青年路社区
戴　萍　杭州市下城区稻香园社区
赵伟儿　杭州市余杭区新城社区
朱萌菲　宁波市海曙区天一家园社区
虞飞波　宁波市北仑区芝兰社区
王小珍　温州市鹿城区迎春社区
金上进　温州市龙湾区罗东锦苑社区
杨香儿　湖州市吴兴区白鱼潭社区
鲁金荣　嘉兴市嘉善县玉兰社区
胡素智　金华市婺城区雅苑社
王正汉　义乌市江滨社区
史夏娟　绍兴市越城区罗门社区
赵　强　绍兴市越城区龙洲花园社区
杜尚立　衢州市柯城区府山街道办事处
张依军　舟山市定海区香园社区
单卢蓉　临海市大洋社区

刘荣平 丽水市东银苑社区

福建省（5名）

李 彬 福建省环保局
林蓓蕾 厦门市环境宣传教育中心
谢秀娟 福州市晋安区日出东方社区居委会
杨婷婷 泉州市丰泽区丰泽社区居委会
陈 丹 厦门市思明区莲花五村社区

江西省（3名）

付登科 江西省景德镇市环境宣教信息中心
黄文明 江西省景德镇市珠山区珠山街道莲花塘社区
于 健 江西省九江市浔阳区甘棠街道南司社区

山东省（15名）

贾 辉 山东省环保宣传中心
杜玉玮 淄博市环保宣教中心
蒋宝华 济宁市环保局
李亦明 青岛市环境保护宣传教育中心
刘 宁 济南市槐荫区营市街街道绿园社区
罗怀玉 桓台县羿景嘉园社区
李 强 烟台市东罘区奇山小区
南秀霞 潍坊市奎文区廿里堡街道办事处南屯新村社区
赵东坤 邹城市兖矿集团物业公司社区管理中心
石法祯 泰安市泰山区上高街道华新社区
苗华娜 威海市环翠区鲸园办事处菊花顶社区居委会
邵永田 日照市日照港（集团）第三生活区
宁书芹 德州市德城区新华街道办事处新华社区居委会
杨清华 聊城市中华电厂乐园小区
张新华 青岛市市南区香港中路街道办事处

河南省（4 名）

张有璞　郑州市环境保护宣教

苏　耀　河南山水物业管理有限公司

孙为民　中国石化集团河南石油勘探局五一社区服务中心

徐广申　安阳市颐欣苑社区

湖北省（4 名）

汪　璞　武汉市环保宣教中心

茅永红　武汉市江岸区百步亭花园社区

韩继武　湖北新业物业管理有限公司

张崇超　宜都市名都物业管理有限公司

湖南省（4 名）

吴　穗　长沙市芙蓉区环境保护局

罗竹林　郴州市永兴县国税社区

李　莉　长沙市芙蓉区湘湖街道西湖社区居委会

吴智钢　长沙市天心区新天社区居委会

广东省（15 名）

谢国雄　广东省精神文明建设委员会办公室

叶羽翔　东莞市环境保护局

刘忠斌　广州市荔湾区环境保护局

郭雨蓉　深圳市环境保护局

冼丽冰　广州市越秀区东湖街小东社区

张健峰　广州市荔湾区昌华街西关大屋社区

付　俊　广州市海珠区保利花园

樊成武　珠海市五洲花城澳洲园

梁珠仔　佛山市顺德区容桂街道振华社区

李上全　惠州市惠城区金迪星苑社区

陈　琴　东莞市茶山镇新世纪丽江豪园

雷治灿　江门市蓬江区仓后街农林社区

戴广智 湛江经济技术开发区乐华街道明哲社区
李爱君 深圳市宝安区西乡街道桃源居社区
吴小平 广州军区广州总医院流花桥社区

广西壮族自治区（12名）

韦文涛 南宁市环境宣传教育中心
薛福荣 贵港市环境保护局
黄　梅 百色市环境保护局
曾庆光 玉林市玉柴物业管理有限公司
周有安 广西万怡物业澳洲丽园物业管理处
宋凤坤 广西万怡物业欧景庭园物业管理处
莫水生 梧州市广宇房地产综合开发有限责任公司
李桂新 梧州市港泰房地产开发有限公司
龙秀坚 柳州市柳南区金绿洲小区
赵铁力 柳州市柳钢社区管理中心
邓　涛 贵港市万家居物业管理有限公司
农岚岚 百色市机关事务管理局

海南省（1名）

莫灏才 海南长信投资控股有限公司

重庆市（3名）

雷学良 重庆市环境保护宣传教育中心
全孝英 重庆市北碚区西师社区
黄骏峰 重庆市荣昌县桂花社区

四川省（5名）

温　廷 四川省环境保护宣传教育服务中心
张祥仁 四川省石油管理局川西北公共事务管理中心
胡东平 攀枝花市东区南山街道办事处
韦　霞 成都市金牛区黄忠街道金沙公园社区
罗　宏 泸州市江阳区大山坪街道南苑社区居委会

云南省（4名）

何亚东　玉溪市环境保护局
张玉珠　大理市大理镇玉洱社区
史忠明　玉溪市红塔区凤凰路街道葫田社区
李　坤　曲靖市麒麟区麟东社区居委会

贵州省（1名）

熊春敏　贵州省环境宣传教育中心

陕西省（5名）

韩丽荣　陕西省环境保护宣传教育中心
豆建军　长庆石油勘探局钻井工程总公司礼泉社区
周　鹏　西安建筑科技大学社区
许　允　西安长庆龙凤园社区物业服务处
王东生　长庆石油勘探局兴隆园物业服务处靖边分处

甘肃省（2名）

吴方敏　天水市环境保护局
常　贵　兰州市薇乐花园社区

青海省（1名）

褚　萍　青海省西宁市环保局宣教中心

新疆维吾尔自治区（4名）

张　健　新疆维吾尔自治区环境保护宣传教育中心
闫玉文　乌鲁木齐市天山区昌乐园社区
林培东　昌吉州昌吉市上海花园小区社区
王翠萍　阿克苏地区阿克苏市南城街道火车站社区

关于在全省开展创建“绿色社区”活动的通知

（苏环宣[2002]6号）

各省辖市环境保护局：

为进一步将可持续发展、循环经济的理念渗透到公众日常生活之中，满足人们对高层次居住环境和生活质量的追求，省厅决定在全省开展创建“绿色社区”活动。

一、开展创建“绿色社区”活动的意义

“绿色社区”是“文明社区”的重要内容，是社会主义物质文明和精神文明发展到较高阶段的产物。开展“绿色社区”创建活动，是落实江泽民总书记“三个代表”重要思想的具体体现，以人为本、不断改善环境质量、满足人民群众对美好环境的追求，是环境保护工作的出发点和落脚点；开展“绿色社区”创建活动，是推进我省城市环境保护工作的重要内容：也是提升我省环境保护整体水平的有效途径；开展“绿色社区”创建活动，是公众参与环境保护事业的有效载体，可以使全体居民了解环境保护形势，掌握环境保护知识，树立可持续发展和循环经济的思想，明确公民在环境保护中的权利和义务，在全社会树立起良好的环境道德观念和行为规范。

二、创建“绿色社区”的范围

社区是指聚居在一定地域范围内的人们所组成的社会生活共同体。创建“绿色社区”的范围，一般是指经过社区体制改革后作了规模调整的居民委员会辖区和有一定规模、设施功能齐全的居民小区。

三、创建“绿色社区”的基本要求

1．社区领导重视环境保护工作，把环境保护作为社区建设的重要内容，有健全的环境管理和监督体系；根据可持续发展和循环经济的理念，制定较为完善的“绿色社区”发展规划和年度实施计划；建立“绿色社区”领导小组，指定专人负责“绿色社区”创建工作，并定期研究、检查“绿色社区”创建进展情况；成立环保志愿者队伍，引导和监督社区居民的环境行为。

2．制定并公布社区居民环保文明公约和行为规范，积极宣传环境保护法律法规和可持续发展战略，引导社区居民树立循环经济的理念，提倡符合绿色文明的生活习惯、消费观念和环境价值观念，以开办“环保学校”等形式对社区干部进行创建“绿色社区”和环保知识的相关培训；设立社区环保举报电话，鼓励居民与不良的环境行为作斗争；定期组织社区居民开展丰富多彩的环保科普讲座、环保书画比赛以及清除白色污染和收集废旧电池等环保活动；建成一批固定的环保宣传设施，如环保标语牌、环保橱窗、环保公益广告、环保雕塑等，并经常更新环保宣传内容，营造出浓厚的环境文化氛围。

3．所有污染源均得到有效控制和治理。社区内经营单位及个体工商户均按规定办理环保审批手续，所产生的废水、废气和噪声均应得到有效治理并达标排放；社区内有污水处理设施的必须正常运行，无污水处理设施的污水必须接入市政管网；建立垃圾回收系统，各种公共卫生设施保持良好，设有垃圾分类箱和废旧电池回收箱，实行垃圾袋装化；无饲养家禽、无证宠物现象和违章搭建、乱贴乱画乱挂、乱停车辆、乱设摊点等现象。

4．倡导和推广符合绿色文明的生活习惯。提倡家庭环保装修；积极推广使用节能电器、节水用具、环保涂料等符合环境保护潮流的环保型产品；节约用水高于当地节水标准；积极宣传、推广环保型产品，鼓励居民购买、使用“绿色产品”，倡导“绿色消费”。

5．社区环境整洁、优美、清静，可绿化面积均得到绿化或有效利用，护养绿色植物的工作落实到家庭；积极鼓励和引导社区单位与居民在楼道、阳台、庭院种植花草，把社区建设成春有花、夏有荫、秋有果、冬有青的花园式社区。

四、创建“绿色社区”的工作方法

1.“绿色社区”建设要在当地党委和政府的领导下，在当地精神文明建设指导委员会的指导下，紧密联系民政部门，充分发挥全社会各方面的力量，依靠社区组织，利用社会资源，结合中共中央《公民道德建设实施纲要》的贯彻落实，充分利用当地创建环保模范城市、文明城市、卫生城市、园林城市、旅游城市等有利时机，积极开展“绿色社区”创建活动。创建工作要坚持以改善环境质量，以提高居民的生活环境、生活质量和精神文明程度为宗旨，把服务社区居民作为“绿色社区”创建的根本出发点和归宿。

2.“绿色社区”建设是今后一个时期环境保护宣传教育工作的一项重要内容，创建工作要循序渐进，不断丰富“绿色社区”的内容。各地在创建活动中，要结合当地的实际，依靠科技进步，采取由点到面，由低层次到高层次的方法。首先抓环保宣教进社区，成立创建工作领导小组，开展“绿色社区”干部培训，向社区干部宣传介绍创建要求、内容、方法等，发放环保宣传材料和宣传品。在此基础上，环境管理其他工作也要进社区。各地要在新建区和老城区分别确定试点，边实践边总结，在取得试点经验的基础上，逐步推广。

3．省厅将根据国家环保总局有关文件精神，结合各地创建工作经验和我省实际情况，确定省级“绿色社区”创建方案，并在适当的时候组织有关单位和人员对各地创建“绿色社区”的试点工作进行现场检查考核。

二〇〇二年五月二十日

关于进一步开展江苏省绿色社区创建活动的通知

（苏环委[2006]17号）

各省辖市人民政府：

根据国务院《关于落实科学发展观加强环境保护的决定》精神，结合国家绿色社区创建指南，省环委会在认真总结几年来创建工作的基础上，将试行的江苏省绿色社区考核指标进行了修订。为进一步开展江苏省绿色社区创建活动，现就有关事项通知如下：

一、申报江苏省绿色社区的社区，由所在区、县（市） 环境保护行政主管部门依照《江苏省绿色社区考评指标分解表》指导创建，进行自评，经省辖市环境保护行政主管部门审核验收后，于每年12月31日前向江苏省环境保护委员会绿色社区创建指导委员会提出申报。

二、江苏省环境保护委员会绿色社区创建指导委员会办公室组织对申报江苏省绿色社区的社区进行年度考评（分材料审查和考评验收两个阶段），在此基础上公示拟命名的江苏省绿色社区。

三、江苏省环境保护委员会根据考评结论和公示结果进行综合审议，对终评优秀的社区，于每年“6·5”世界环境日命名为本年度“江苏省绿色社区”，并授牌，有效期三年。

四、为鼓励绿色社区创建工作的广泛开展，被命名的江苏省绿色社区，由省、市、区环保部门配套奖励环保宣传设施。

附件：1. 江苏省绿色社区申报表

2. 江苏省绿色社区考评指标分解表

二〇〇六年九月二十二日

	5. 建立绿色社区创建台账，使用电子文档，制定激励机制	①社区建立完整文书档案；②街道办事处制定有效激励机制	2			
	6. 开设社区环保课堂，组织机构成员定期参加环保培训	①负责人须参加省级年度培训；②成员须参加市级以下培训	2			
三、环境质量（55分）	1. 水环境	总得分不低于 11 分	12			环境质量硬件建设为区、县（市）环保部门指导，市级环保部门检查的重点内容，值 3 分，分别加在水环境、空气质量、噪声管理、固体废弃物处置总得分中考评
	1）区内河、湖、池水面清洁，没有漂浮物	附市环保局证明	1			
	2）区内污水有效治理后达标排放	①生活污水接入城镇污水管网，接管处有排污口标志牌；②施工污水不直接排入河湖；③餐饮污水经滤渣隔油处理，废油脂指定回收率达 95%以上	3			
	3）提倡一水多用，循环利用	①新建社区实行雨污分流；②雨水收集利用；③中水回用	3			
	4）区内水污染年有效投诉不超过 1 次	如有投诉附区环保局处理意见	2			
	2. 空气质量	总得分不低于 11 分	12			
	1）区内油烟得到有效治理	①单位无燃煤锅炉；②烟气黑度、烟尘浓度达到国家排放标准；③无露天烧烤和焚烧垃圾	3			
	2）区内采取有效措施减少扬尘污染	①机动车及时清洗，尾气达标排放；②工地围拦施工率达 100%，道路洒水消尘；③易造成污染的材料、渣土等封闭运输，覆盖堆放	3			
	3）施工装修选用环保型材料	区内公共场所空气没有异味	1			
	4）区内烟尘扰民年有效投诉不超过 1 次	如有投诉附区环保局处理意见	2			
	3. 噪声管理	总得分不低于 8 分	9			
	1）区内无超标固定噪声污染源	①取消小五金加工点；②娱乐场所、居民住宅附近变电站有隔音装置	2			

附件 2：

江苏省绿色社区考评指标分解表

<table>
<tr><td rowspan="6">一、申报条件</td><td colspan="2">内　容</td><td>要求</td><td colspan="4">达标</td></tr>
<tr><td colspan="2">1. 社区必须是完整的行政区划，组织机构为居民委员会，考评范围为社区辖地</td><td>依据区划图考评</td><td colspan="4" rowspan="5">考评按要求所列内容进行，申报条件缺一不得申报；考评总分值为 100 分，自评须满 95 分、考评须满 90 分取得公示资格；公示时间为 5 个工作日</td></tr>
<tr><td colspan="2">2. 社区在新、改、扩建时，结合绿色社区相关标准实施规划</td><td>附规划说明</td></tr>
<tr><td colspan="2">3. 区内工业污染源全面实现达标排放，生活污染源、农业污染源得到有效处理，建设项目环保“三同时”制度执行率 100%，环保设施运行正常</td><td>附市环保局证明</td></tr>
<tr><td colspan="2">4. 通过绿色社区创建，区内环境质量根本改变，周边地区环境得到整治；区内 85%以上居民有参与积极性，对环境状况基本满意</td><td>通过居民总户数 30%以上的问卷调查进行自评</td></tr>
<tr><td colspan="2">5. 获得市级“绿色社区”称号满一年</td><td>附命名文件</td></tr>
<tr><td rowspan="5">二、组织机构（15 分）</td><td>考　评　指　标</td><td>考评要求</td><td>分值</td><td>自评</td><td>考评</td><td colspan="2">加分</td></tr>
<tr><td>1. 成立绿色社区创建领导机构及执行机构</td><td>①领导机构由街道办事处牵头组成；②执行机构由居委会牵头组成；③物业管理公司和业主委员会参加执行机构</td><td>3</td><td></td><td></td><td colspan="2" rowspan="4">区、县（市）环保局切实担负业务指导职能，值 2 分，加在第 1 条中考评</td></tr>
<tr><td>2. 成立以区内居民为主体的环保志愿者队伍，鼓励居民监督和纠正社区内外破坏环境行为</td><td>①制定公众参与环保的有效措施；②环保志愿者占区内居民总数的 5%；③志愿者督察活动每季度开展一次</td><td>3</td><td></td><td></td></tr>
<tr><td>3. 定期召开驻区单位绿色社区创建联席会议</td><td>①每季度召开一次；②驻区单位 85%以上参加</td><td>2</td><td></td><td></td></tr>
<tr><td>4. 制定创建工作计划，明确创建任务职责，落实创建目标责任</td><td>计划张贴公告，征求居民意见</td><td>1</td><td></td><td></td></tr>
</table>

关于命名江苏省首批“绿色社区”的通知

（苏环委[2005]1 号）

各省辖市环保局：

根据江苏省环境保护委员会印发的《江苏省绿色社区考核指标（试行）及实施细则的通知》，结合国家环保总局下发的《关于进一步开展“绿色社区”创建活动的通知》精神，江苏省“绿色社区”创建指导委员会办公室对在 2004 年度创建省级“绿色社区”的 53 个社区进行了考核验收，并在《新华日报》、江苏省环保厅政府网站（www.jshb.gov.cn）上予以公示。现经江苏省环境保护委员会研究，决定命名南京市鼓楼区江东街道聚福园等 53 个社区为江苏省首批“绿色社区”。

附件：江苏省首批“绿色社区”名单

二〇〇五年一月五日

附件：

江苏省首批“绿色社区”名单

南京市（13）

鼓楼区江东街道聚福园社区
宁海路街道马鞍山社区
玄武区兰园街道公教一村社区
白下区苜蓿园街道月牙湖社区

梅花山庄社区
下关区热河南路街道清江花苑社区
秦淮区夫子庙街道文德桥社区
雨花区宁南街道康盛花园社区
梅山街道梅苑社区
建邺区兴隆街道积善社区
江宁区百家湖街道太平社区
六合区山潘街道扬子第四社区
第八社区

无锡市（3）

滨湖区荣巷街道太康社区
南长区南禅寺街道新江南花园社区
崇安区崇安寺街道东河花园社区

徐州市（5）

云龙区彭城街道晓光社区
骆驼山街道民怡园社区
子房街道圆梦社区
泉山区泰山街道风华园社区
邳州市锦江花园社区

常州市（3）

天宁区局前街道怡康社区
钟楼区南大街街道世纪明珠园社区
金坛市经济开发区华城社区

苏州市（15）

吴中区龙西街道水香苑社区
平江区平江路街道拙政园社区
金阊区彩香街道三元四村社区
新区狮山街道馨泰社区

工业园区新加花园社区
张家港市杨舍镇万红社区
前溪社区
常熟市虞山镇兴福街道五星社区
琴湖街道枫泾社区
太仓市河东街道府东社区
河西街道梅园社区
昆山市同心街道新港湾花园社区
亭林街道里库社区
吴江市松陵镇街道城中社区
二村社区

南通市（1）

崇川区新城桥街道朝晖花园社区

连云港市（3）

新浦区新东街道苍梧社区
海州区幸福路街道西大岭社区
连云区墟沟街道大港社区

淮安市（1）

清河区西安街道富丽花园社区

盐城市（5）

亭湖区亭湖街道凌家桥社区
文峰街道南苑社区
盐都区新都花园小区
东台市启平街道林城小区
大丰市金丰街道兴福小区

扬州市（2）

广陵区文峰街道连运社区

邗江区邗上街道文昌社区

泰州市（1）

海陵区城南街道沁莲社区

宿迁市（1）

宿城区河滨街道豪域花园社区

关于命名2005年度江苏省绿色社区的通知

（苏环委[2006]1号）

各省辖市人民政府：

今年以来，在各级政府领导下，经过环保部门及有关单位的共同努力，全省绿色社区创建活动取得了可喜的成绩，社区居民从创建活动中得到了实惠，初显了绿色社区在建设环境友好型社会中的积极作用。经市环保部门审核申报，省环境保护委员会绿色社区创建指导委员会办公室考核验收，并通过了《新华日报》和江苏省环境保护厅政府网站公示，决定命名南京市鼓楼区湖南路街道丁家桥社区等87个社区为2005年度江苏省绿色社区。

附件：2005年度江苏省绿色社区名单

二〇〇六年一月五日

附件：

2005年度江苏省绿色社区名单

南京市（13）

鼓楼区湖南路街道丁家桥社区

玄武区玄武门街道台城花园社区

玄武区锁金村街道锁五社区

白下区瑞金路办事处标营社区

白下区苜蓿园办事处28所社区

秦淮区秦淮街道怡馨花园社区
建邺区兴隆街道月安社区
雨花台区雨花新村街道邓府山村社区
栖霞区燕子矶办事处幕府山庄社区
江宁区方山街道科苑社区
江宁区东山街道外港社区
江宁区百家湖街道学府社区
六合区山潘街道扬子第三社区

无锡市（13）

锡山区东亭镇春江花园
滨湖区蠡湖街道山明社区
崇安区崇安寺街道办事处连元街社区
南长区迎龙桥街道曹张新村第二社区
北塘区惠山街道惠畅里社区
新区旺庄街道春潮园第二社区
新区长江路街道办事处太湖花园第二社区
新区长江路街道办事处太湖花园第一社区
江阴市澄江镇虹桥街道花家坝社区
江阴市澄江镇花园街道大桥社区
江阴市澄江镇花园街道花园社区
宜兴市宜城镇茶东社区
宜兴市宜城镇岳堤社区

徐州市（4）

云龙区黄山街道办事处工院社区
泉山区翟山街道管道社区
开发区金山桥街道办事处桃园社区
邳州市世纪花园社区

常州市（3）

武进区四季新城社区
钟楼区怀德苑社区
溧阳市溧城镇燕山南苑社区

苏州市（36）

吴中区苏苑街道嘉宝花园社区
沧浪区友新街道新康第一社区
沧浪区南门街道桂花社区
金阊区采香花园社区
金阊区彩香一村南区社区
苏州工业园区都市花园社区
苏州工业园区贵都花园社区
苏州工业园区东方花园社区
苏州工业园区新城花园社区
苏州新区狮山街道狮山社区
张家港市杨舍镇阳光社区
张家港市杨舍镇龙潭社区
张家港市杨舍镇城北街道办事处锦绣社区
张家港市杨舍镇城北街道办事处通运社区
张家港市金港镇元丰社区
张家港市塘桥镇韩山村民委员会韩山社区
常熟市虞山镇虹桥街道衡山社区
常熟市虞山镇兴福街道琴枫社区
常熟市虞山镇兴福街道报慈社区
常熟市虞山镇方塔街道清和坊社区
常熟市梅李镇梅李社区
常熟市王庄镇王庄社区
昆山市城北街道萧林社区
昆山市亭林街道玉峰社区

昆山市朝阳街道办事处盆渎村社区
昆山市柏庐街道办事处柏庐社区
昆山市周市镇新镇街道阳光社区
昆山市周市镇新镇街道金威社区
昆山市长江路街道西湾社区
太仓市城厢镇中区社区
太仓市城厢镇南区社区
太仓市城厢镇东区社区
太仓市城厢镇康乐社区
太仓市城厢镇县府社区
太仓市城厢镇西区社区
吴江市震泽镇砥定社区

南通市（2）

中兴街道办事处星湖社区
启东市南苑一村社区

连云港市（1）

新浦区浦东街道办事处万润社区

淮安市（1）

清浦区清安街道富春花园社区

盐城市（2）

亭湖区大洋街道毓龙公园社区
亭湖区文峰街道文曲社区

扬州市（2）

邗江区邗上街道办事处贾桥社区
江都市仙女镇龙城社区

镇江市（9）

京口区四牌楼街道阳光世纪花园社区

京口区正东路街道京河路社区
京口区健康路街道桃花山庄社区
京口区正东路街道恒美嘉园社区
京口区正东路街道江科大社区
润州区和平路街道三茅宫第二社区
丹阳市云阳镇凤凰新村社区
扬中市三茅镇建设社区
扬中经济开发区新扬社区

宿迁市（1）

宿豫区豫苑社区

关于命名2006年度江苏省绿色社区表彰2006年度绿色社区创建先进单位和个人的决定

（苏环委[2006]35号）

各省辖市人民政府：

近年来，在各级政府领导下，通过环保部门及有关单位的共同努力，全省绿色社区建设取得了可喜的成绩，群众从中得到了实惠，初显了绿色社区在构建资源节约型、环境友好型社会中的积极作用。广大社区依照《江苏省绿色社区考核指标分解表》积极开展创建。现经社区申报，市环保部门审核，江苏省环境保护委员会绿色社区创建指导委员会办公室考核验收，并由《新华日报》和“江苏环保”网站公示，经研究，决定命名南京市鼓楼区江东街道世纪花园社区为2006年度江苏省绿色社区。

同时，在全省绿色社区建设过程中涌现出了一批工作积极成效显著的单位和个人，经市环保部门推荐，由江苏省环境保护委员会绿色社区创建指导委员会办公室审核，并通过了《新华日报》和江苏省环境保护厅政府网站公示，经研究，决定南京市环境保护局等31个单位为2006年度绿色社区创建先进单位，南京市创建绿色社区指导委员会办公室高必成等32名个人为2006年度绿色社区创建先进个人。

附件1：2006年度江苏省绿色社区名单

附件2：2006年度绿色社区创建先进单位名单

附件3：2006年度绿色社区创建先进个人名单

二○○七年一月八日

附件 1：

2006 年度江苏省绿色社区名单

南京市（17）

鼓楼区江东街道世纪花园社区
挹江门街道模范西路社区
玄武区孝陵卫街道农科院社区
红山街道红山公园社区
白下区瑞金路办事处南航社区
秦淮区红花街道龙翔雅苑社区
建邺区南苑街道兴达社区
兴隆街道桃园居社区
雨花台区梅山办事处梅欣社区
栖霞区尧化街道金尧花园社区
江宁区东山街道中前社区
东山街道邵圣社区
东山街道章村社区
秣陵街道成山社区
浦口区高新技术产业开发区高新花苑社区
六合区雄州镇泰山社区
山潘街道扬子第五社区

无锡市（21）

江阴市澄江镇城东街道天鹤社区
澄江镇城西街道西大街社区
澄江镇城西街道通渡社区
澄江镇城中街道文定社区
澄江镇城南街道青果路社区
宜兴市宜城街道东虹社区

宜城街道和平社区
锡山区东亭镇金锡社区
惠山区长安街道长宁社区
滨湖区河埒街道月秀社区
荣巷街道桃源社区
崇安区崇安寺街道汤巷社区
南长区迎龙桥街道五爱家园社区
南禅寺街道家乐花园社区
清名桥街道沁园第一社区
金匮街道五星家园第一社区
北塘区北大街街道凤宾路社区
黄巷街道高泾社区
新区旺庄街道春潮园第四社区
旺庄街道长欣公寓社区
硕放街道南星苑第二社区

徐州市（2）

鼓楼区琵琶街道万寨社区
云龙区彭城街道建南社区

常州市（4）

金坛市金城镇春风社区
溧阳市溧城镇昆仑东苑社区
钟楼区金色新城社区
西新桥二村第二社区

苏州市（45）

张家港市杨舍镇暨阳社区
杨舍镇长安社区
杨舍镇新城社区
杨舍镇花园社区

　　　　杨舍镇东苑社区
　　　　乐余镇乐余社区
　　　　锦丰镇滨江社区
常熟市虞山镇琴湖街道绿源社区
　　　虞山镇兴福街道星海社区
　　　虞山镇虹桥街道虞园社区
　　　虞山镇虹桥街道昭文社区
　　　虞山镇方塔街道西泾岸社区
　　　新港镇江枫苑社区
　　　沙家浜镇芦荡社区
太仓市城厢镇南路社区
　　　城厢镇桃园社区
　　　城厢镇长春社区
　　　城厢镇西郊社区
　　　城厢镇德兴社区
　　　世纪苑社区
昆山市长江路街道司徒社区
　　　长江路街道东门社区
　　　青阳街道丽华社区
　　　柏庐街道新昆社区
　　　朝阳街道朝阳新村社区
　　　亭林街道红峰社区
　　　同心街道娄苑社区
吴江市同里镇东新社区
　　　同里镇鱼行社区
　　　横扇镇菀坪社区
　　　七都镇庙港社区
　　　盛泽镇南麻社区
　　　平望镇南新社区
　　　震泽镇镇南社区

相城区元和街道唐家社区
太平街道金澄社区
沧浪区万年社区
胥虹社区
道前社区
长岛社区
湄长社区
金阊区山塘社区
工业园区新馨花园社区
唯亭镇东亭社区
东湖大郡社区

南通市（4）

海安县海安镇中心街道星海社区
如东县掘港镇三元社区
崇川区城东街道东升社区
港闸区唐闸镇街道新华社区

淮安市（1）

清浦区闸口街道城河社区

盐城市（1）

东台市东台镇金墩社区

扬州市（3）

广陵区曲江街道文昌花园社区
维扬区西湖镇翠岗社区
邗江区邗上街道五里社区

镇江市（9）

丹阳市云阳镇万善园社区
云阳镇云阳桥社区

句容市梅花社区
葛仙社区
扬中市新坝社区
三茅镇文化新村社区
京口区正东路街道江大社区
正东路街道包家湾社区
健康路街道下桃花坞社区

泰州市（5）

泰兴市泰兴镇府前社区
泰兴镇胜利社区
姜堰市姜堰镇古田社区
姜堰镇南苑社区
兴化市北郊社区

附件 2：

2006 年度绿色社区创建先进单位名单

南京市（7）

市环境保护局
鼓楼区环境保护局
玄武区环境保护局
白下区环境保护局
江宁区环境保护局
江宁区秣陵街道办事处
扬子石化公司

无锡市（5）

市环境保护局

新区规划建设环保局
滨湖区蠡湖街道办事处
新区旺庄街道办事处
上海陆家嘴物业管理有限公司无锡分公司春江花园管理处

徐州市（2）

市环境保护局
市环境保护局云龙分局

常州市（1）

市环境保护局

苏州市（13）

市环境保护局
张家港市环境保护局
张家港市杨舍镇人民政府
张家港市杨舍镇城西街道办事处
常熟市环境保护局
常熟市虞山镇人民政府
太仓市环境保护局
太仓市城厢镇人民政府
昆山市环境保护局
昆山市玉山镇人民政府
吴江市环境保护局
高新区环境保护局
工业园区环境保护局

扬州市（2）

市环境保护局
邗江区环境保护局

镇江市（1）

市环境保护局京口分局

附件3：

2006年度绿色社区创建先进个人名单

南京市（6）

市创建绿色社区指导委员会办公室	高必成
建邺区环境保护局	鲁亚芳
江宁区环境保护局	杨少富
秦淮区环境保护局	陈　新
雨花台区梅山街道办事处	杨德生
栖霞区幕府山庄社区	李正喜

无锡市（5）

市环境保护局宣传教育处	朱　军
南长区环境保护局监察大队	许嘉明
江阴市花园社区	杜伟妙
宜兴市宜城街道和平社区	蒋文皎
新区硕放街道南星苑第二社区	周家明

徐州市（2）

市环境保护局宣传教育处	于新兰
市环境保护局云龙分局宣传教育科	魏军花

常州市（1）

天宁区环境保护局	戴伟金

苏州市（13）

市人民政府办公室	涂海燕

市环境保护局宣传教育处	陈建宁　杨惠洁
张家港市环境保护局	陶　平　马正秋
张家港市杨舍镇城西街道办事处	耿永红
常熟市环境保护局	黄振华
太仓市环境保护局	施永源
昆山市环境保护局法治宣教科	陆永明
吴江市环境保护局	范新元
金阊区环境保护局	吴炜炜
高新区狮山街道办事处	徐宝鑫
工业园区环境保护局	侯书华

扬州市（2）

市环境保护局宣传教育处	刘党生
广陵区环境保护局法治宣教科	陈　垠

镇江市（3）

市环境保护局宣传教育处	陆　敏
市环境保护局京口分局	江　隽
扬中市环境保护局法规宣教科	王家金

关于命名2007年度江苏省绿色社区表彰 2007年度绿色社区创建先进单位和个人的决定

（苏环委[2007]46号）

各省辖市人民政府：

经各市环保部门审核申报，由江苏省环境保护委员会绿色社区创建指导委员会办公室考核验收，并通过《新华日报》和“江苏环保”网站公示，江苏省环境保护委员会决定命名南京市鼓楼区中央门街道工人新村社区等148个社区为2007年度江苏省绿色社区。

由江苏省环境保护委员会绿色社区创建指导委员会办公室推荐，并通过《新华日报》和“江苏环保”网站公示，江苏省环境保护委员会决定表彰南京市白下区人民政府等26个单位为2007年度绿色社区创建先进单位，南京市环境保护局严苏扬等27名个人为2007年度绿色社区创建先进个人。

附件1：2007年度江苏省绿色社区名单

附件2：2007年度绿色社区创建先进单位名单

附件3：2007年度绿色社区创建先进个人名单

二〇〇七年十二月二十日

附件 1：

2007 年度江苏省绿色社区名单

南京市（32 家）

鼓楼区中央门街道工人新村社区
挹江门街道妙峰庵社区
江东街道聚福园社区
宁海路街道马鞍山社区
玄武区玄武湖街道东方城社区
锁金村街道锁金三村社区
梅园新村街道公教一村社区
白下区大光路办事处大光路社区
大光路办事处蓝旗新村社区
月牙湖办事处梅花山庄社区
月牙湖办事处月牙湖社区
秦淮区红花街道九龙新寓社区
秦虹街道枫丹白露社区
建邺区南苑街道吉庆社区
南湖街道沿河社区
兴隆街道积善社区
下关区热河南路街道清江花苑社区
雨花台区梅山办事处梅清苑社区
梅山办事处上怡新村社区
梅山办事处梅苑社区
铁心桥办事处景明佳园第一社区
宁南街道康盛花园社区
江宁区东山街道岔路社区
东山街道晓里社区

秣陵街道湖滨社区
秣陵街道秦淮社区
秣陵街道太平社区
六合区卸甲甸街道桂馨园社区
山潘街道扬子第二社区
山潘街道扬子第四社区
山潘街道扬子第八社区
高淳县淳城街道管理处凤岭社区

无锡市（27 家）

江阴市澄江镇城东街道丽都社区
申港镇江南社区
宜兴市宜城街道新华社区
宜城街道阳泉社区
宜城街道宝东社区
官林镇社区
锡山区东亭街道庄桥社区
东亭街道桑达园社区
惠山区长安街道新惠社区
长安街道金惠社区
滨湖区荣巷街道太康社区
蠡园街道西园社区
蠡湖街道震泽社区
河埒街道青山社区
崇安区崇安寺街道办事处东河花园社区
崇安寺街道办事处新街巷社区
江海街道顺和里社区
江海街道宁海里南片社区
南长区南禅寺街道办事处新江南花园社区
迎龙桥街道曹张新村第一社区

扬名街道办事处芦庄第一社区
北塘区北大街街道锡澄新村社区
山北街道二泉社区
新区旺庄街道春潮园第一社区
旺庄街道春潮园第三社区
旺庄街道办事处长江社区
梅村镇泰伯一社区

徐州市（3）

泉山区泰山街道康居社区
王陵街道新光社区
铜山县铜山镇无名山社区

常州市（5家）

天宁区怡康花园社区
人民家园社区
新北区天安社区
钟楼区世纪明珠社区
金坛市经济开发区华城社区

苏州市（54家）

张家港市杨舍镇梁丰社区
杨舍镇邵巷社区
金港镇中德社区
锦丰镇海沙社区
大新镇大新社区
常熟市尚湖镇冶塘社区
尚湖镇练塘社区
虞山镇琴湖街道迎春社区
虞山镇兴福街道闽江社区
虞山镇虹桥街道虞东社区

新港镇浒浦集镇社区
古里镇双港社区
太仓市浮桥镇和平花园社区
陆渡社区
沙溪镇新北街社区
城厢镇弇山社区
昆山市周市镇新镇街道桂冠社区
周市镇新镇街道康泾湾社区
周市镇新镇街道毛库社区
亭林街道亭林社区
亭林街道仓基街社区
朝阳街道正阳路社区
朝阳街道严家角社区
柏庐街道震川社区
柏庐街道采莲社区
城北街道花园社区
城北街道长荣社区
吴江市平望镇梅堰社区
同里镇屯村社区
同里镇东溪社区
震泽镇石瑾社区
七都镇社区
松陵镇三村社区
吴中区龙西街道新景苑社区
相城区元和街道元和之春社区
渭塘镇玉盘家园社区
平江区平江路街道拙政园社区
桃花坞街道通和社区
金阊区三元一村社区
彩香一村四区社区

新庄新村社区
信记社区
苏州高新区狮山街道新升社区
阳山街道阳山花苑第三社区
阳山街道阳山花苑第四社区
枫桥街道枫津社区
枫桥街道康佳社区
苏州工业园区湖左岸社区
四季新社区
师惠社区
沁苑社区
胜浦镇园东社区
娄葑镇荷韵社区
新加社区

南通市（3家）

通州市金沙镇虹西社区
如皋市如城镇孔庙社区
海门市海门镇东洲街道狮山路社区

淮安市（1家）

清河区长西街道办事处上海路居委会

盐城市（6家）

亭湖区黄海街道南苑社区
毓龙街道凌家桥社区
盐都区新都街道娱乐社区
射阳县合德镇虹亚社区
阜宁县阜城镇南苑社区
大丰市大中镇建业社区

扬州市（6家）

邗江区邗上街道兰庄社区

邗上街道冯庄社区

维扬区梅岭街道凤凰桥社区

仪征市真州镇万博社区

江都市仙女镇新都社区

宝应县安宜镇世纪园社区

镇江市（7家）

京口区大市口街道华润新村社区

　　　正东路街道酒海街社区

　　　正东路街道京岘山社区

　　　健康路街道上桃花坞社区

润州区七里甸街道润州花园社区

句容市华阳镇新村社区

扬中市三茅镇英雄社区

泰州市（4家）

兴化市富康社区

姜堰市姜堰镇光明社区

靖江市靖城镇双港路社区

泰兴市泰兴镇北站社区

附件2：

2007年度绿色社区创建先进单位名单

南京市（4）

白下区人民政府

雨花台区环境保护局

江宁区东山街道办事处
六合区山潘街道办事处

无锡市（6）

江阴市澄江镇环境保护管理所
宜兴市环境保护局
宜兴市宜城街道办事处
锡山区环境保护局
滨湖区环境保护局
南长区环境保护局

常州市（2）

钟楼区环境保护局
钟楼区南大街街道办事处

苏州市（11）

苏州市发展和改革委员会城区工作处
苏州市民政局社区建设处
相城区环境保护局
沧浪区环境保护局
金阊区环境保护局
张家港市杨舍镇环保办公室
常熟市虞山镇方塔管理区
太仓市沙溪镇环保办公室
昆山市亭林街道办事处
吴江市同里镇人民政府
苏州工业园区湖西社区工作委员会

扬州市（2）

江都市环境保护局
邗江区邗上街道办事处

镇江市（1）

京口区正东路街道办事处

附件3：

2007年度绿色社区创建先进个人名单

南京市（5）

南京市环境保护局	严苏扬
白下区环境保护局	耿开梅
江宁区环境保护局	郎丰义
六合区环境保护局（大厂片）	俞孟钢
鼓楼区江东办事处	王　媛

无锡市（6）

无锡市环境保护局宣传教育处	吴龙庆
江阴市环境保护局宣传法制科	王　蔚
宜兴市环境保护局宣传教育科	许大明
北塘区环境保护局	王　澍
新区规划建设环保局环保科	沙　腾
南长区迎龙桥街道	周震霞

常州市（1）

常州市环境保护局宣教法规处	王普生

苏州市（11）

苏州市环境保护局宣传教育处	陈建宁
常熟市环境保护局法制宣教科	陈　红
太仓市环境保护局宣教法制科	史云辉
吴江市环境保护局法制宣教科	翁益民
相城区环境保护局办公室	严建荣

张家港市杨舍镇人民政府	沈明华
常熟市虞山镇环保办公室	石永根
昆山市玉山镇环保办公室	钱伟忠
吴江市平望镇人民政府	陆爱英
沧浪区胥江街道办事处	谢春辉
苏州工业园区湖西社区工作委员会	田太促

扬州市（3）

扬州市环境保护局法制宣传处	李新林
仪征市环境保护局法制宣传科	朱　萍
邗江区环境保护局法制宣传科	张宏毕

镇江市（1）

镇江市环境保护局京口分局宣传教育科	顾　列

关于命名和表彰 2008 年度
江苏省绿色社区及创建先进单位和个人的决定

（苏环委办[2009]7 号）

各市、县（市）人民政府：

为改善公众生活环境，拓宽公众参与渠道，进一步提升城市形象，2008 年全省继续开展绿色社区创建工作。在各地环保局申报审核的基础上，按照《江苏省绿色社区考评指标分解表》，江苏省环境保护委员会绿色社区创建指导委员会办公室对各地申报的绿色社区进行了考核验收，并经“江苏环保”网站和各地主流媒体公示，现决定命名南京市鼓楼区江东街道长阳花园社区等 144 个社区为 2008 年度江苏省绿色社区，表彰南京市江宁区人民政府等 26 个单位为 2008 年度绿色社区创建先进单位，南京市环境保护局张颖等 27 名个人为 2008 年度绿色社区创建先进个人。

希望受到表彰的社区、单位和个人发扬成绩，戒骄戒躁，继续做好各项环保工作。各地都要以受表彰对象为学习榜样，将环境文化融入社会基层组织建设，切实将节能减排落实到每个单位、每个家庭，共同构建美好家园，为推进全省生态文明建设作出新的贡献！

二〇〇九年三月一日

附件：1. 2008 年度江苏省绿色社区名单

2. 2008 年度绿色社区创建先进单位名单

3. 2008 年度绿色社区创建先进个人名单

附件 1：

2008 年度江苏省绿色社区名单

南京市（20 家）

鼓楼区江东街道长阳花园社区
挹江门街道戴家巷社区
湖南路街道南秀村社区
玄武区孝陵卫街道南京理工大学社区
锁金村街道锁五社区
玄武门街道台城花园社区
秦淮区红花街道春天家园社区
红花街道阳光里社区
建邺区南苑街道国泰民安社区
兴隆街道月安社区
滨湖街道玉兰里社区
雨花台区梅山街道上怡二村社区
宁南街道翠竹园社区
雨花新村街道邓府山社区
栖霞区燕子矶街道幕府山庄社区
江宁区东山街道外港社区
秣陵街道科苑社区
秣陵街道胜太社区
六合区山潘街道扬子第一社区
山潘街道扬子第三社区

无锡市（25 家）

江阴市澄江街道城中管理区黄龙社区
南闸镇紫金社区
申港镇明珠花园社区

新桥镇绿园社区
宜兴市宜城街道宝塔社区
宜城街道宜北社区
宜城街道土城社区
宜城街道城北社区
宜城街道城南社区
新街街道绿园社区
万石镇万善社区
万石镇南漕社区
丁蜀镇公园路社区
北塘区北大街街道莲蓉园社区
黄巷街道民丰里第一社区
山北街道惠泉社区
滨湖区蠡湖街道景丽东苑社区
蠡湖街道夏家边社区
华庄街道落霞苑社区
太湖街道糜巷桥社区
蠡园街道隐秀苑社区
马山镇峰影社区
崇安区上马墩街道塔影苑社区
新区江溪街道欧典家园社区
江溪街道新丰苑第二社区

徐州市（3家）

云龙区骆驼山街道民祥园社区
泉山区和平街道民乐社区
经济开发区东环街道孟家沟社区

常州市（12家）

钟楼区花园新村第二社区
文亨花园社区

天宁区清凉东村社区
锦绣东苑社区
武进区湖塘镇花东社区
湖塘镇丰乐社区
湖塘镇四季新城社区
湖塘镇采菱社区
湖塘镇花园社区
湖塘镇北街社区
湖塘镇湾里社区
溧阳市溧城镇砻坊场社区

苏州市（54 家）

张家港市杨舍镇小城市社区
杨舍镇横河社区
凤凰镇金谷社区
锦丰镇合兴社区
常熟市虞山镇兴福街道常福社区
虞山镇兴福街道兴福社区
虞山镇方塔街道花园浜社区
虞山镇琴湖街道花溪苑社区
虞山镇虹桥街道兴隆社区
虞山镇方塔街道烟雨社区
虞山镇兴福街道李桥社区
沙家浜镇唐市社区
太仓市城厢镇新毛社区
城厢镇南郊社区
昆山市亭林街道星海社区
亭林街道虹桥社区
亭林街道状元泾社区
城北街道火炬社区

城北街道永盛社区
同心街道紫竹社区
同心街道清水港社区
朝阳街道需浦社区
柏庐街道新阳社区
枫景苑街道大同社区
枫景苑街道枫景苑社区
中华园街道孔巷社区
巴城镇石牌街道玉石社区
千灯镇中宅社区
千灯镇炎武社区
花桥镇花安社区
周市镇新镇街道睦和社区
周庄镇全功路社区
吴江市盛泽镇荡口社区
盛泽镇坛丘社区
平望镇新建社区
平望镇南大社区
平望镇河西社区
平望镇新城社区
吴中区苏苑街道南区社区
龙西街道吴中苑社区
沧浪区友新街道福星第一社区
泰南社区
西大街社区
里河社区
金阊区嘉业阳光城社区
彩香一村三区社区
清塘社区
高新区枫桥街道马浜社区

虎丘区阳山街道新鹿花苑社区
工业园区胜浦镇浪花苑社区
玲珑湾社区
加城社区
娄葑镇莲花三社区
唯亭镇青苑社区

南通市（9 家）

崇川区城东街道德民花苑社区
新城桥街道启秀社区
如皋市如城镇长巷社区
如城镇秀水社区
如东县掘港镇青园社区
海门市海门镇向民路社区
启东市汇龙镇东珠新村社区
汇龙镇紫薇一村社区
汇龙镇东洲新村社区

连云港市（3 家）

连云区虚沟街道海棠社区
新浦区浦西街道蔷薇社区
浦东街道万润社区

淮安市（2 家）

清河区淮海街道朝阳社区
清浦区闸口街道浦东社区

盐城市（5 家）

亭湖区文峰街道迎宾桥社区
大丰市大中镇沿河社区
射阳县合德镇朝阳街道锦绣苑社区
东台市东台镇玉带桥社区

东台镇东坝社区

扬州市（3家）

宝应县安宜镇白田社区

仪征市真州镇华兴新村社区

邗江区汊河街道许庄社区

镇江市（2家）

丹阳市云阳镇华南新村社区

扬中市经济开发区新胜社区

泰州市（6家）

靖江市靖城街道布市里社区

靖城街道正南社区

泰兴市泰兴镇东城社区

兴化市文峰社区

姜堰市姜堰镇南街社区

高港区口岸街道新城社区

附件2：

2008年度绿色社区创建先进单位名单

南京市（7个）

江宁区人民政府

市环境保护宣传教育中心

建邺区环境保护局

六合区环境保护局（大厂片）

白下区大光路办事处

秦淮区红花办事处

雨花台区梅山办事处

无锡市（5个）

锡山区环境保护局
滨湖区环境保护局
北塘区北大街街道办事处
江阴市澄江街道环境保护管理所
宜兴市丁蜀镇人民政府

徐州市（1个）

市环境保护局云龙分局

常州市（1个）

天宁区环境保护局

苏州市（11个）

金阊区环境保护局
沧浪区环境保护局
平江区环境保护局
吴中区环境保护局
太仓市环境保护局
高新区环境保护局
工业园区湖东社区工作委员会
常熟市虞山镇兴福管理区
吴江市同里镇人民政府街道办事处
昆山市朝阳街道办事处
相城区渭塘镇人民政府

镇江市（1个）

扬中市环境保护局

附件 3：

2008 年度绿色社区创建先进个人名单

南京市（7 名）

市环境保护局	张　颖
鼓楼区环境保护局	李　力
白下区环境保护局	时文珍
雨花台区环境保护局	朱　健
江宁区环境保护局	陈明文
扬子石化公司行政卫生处	张　勇
玄武区锁金村办事处	朱明勇

无锡市（5 名）

惠山区环境保护局	刘桂兰
崇安区环境保护局	过俊红
南长区清名桥街道办事处	陆　凯
江阴市申港街道办事处	赵霞娟
宜兴市宜城街道办事处	张正强

徐州市（2 名）

云龙区黄山街道办事处	李朝霞
鼓楼区琵琶街道办事处	藏海洋

常州市（1 名）

金坛市环境保护局宣教法规科	倪友华

苏州市（11 名）

金阊区环境保护局	吴炜炜
沧浪区环境保护局	黄惠兰
吴中区环境保护局	孙敏毅

相城区环境保护局 姜晓林
太仓市环境保护局 张 华
昆山市环境保护局法制宣教科 艾 萍
平江区桃花坞街道办事处 陈泳黎
张家港市杨舍镇人民政府 胡金龙
常熟市尚湖镇人民政府 金国清
吴江市同里镇人民政府 朱昕昀
工业园区胜浦镇人民政府 周建根

镇江市（1名）

市环境保护局京口分局 魏永大

关于公布2009年度江苏省绿色社区的通知

（苏环委办[2010]8号）

各市、县（市、区）人民政府：

2009年全省各地认真开展绿色社区创建活动，通过广泛宣传，积极发动，深入创建，取得了明显成效。广大居民的环保意识进一步增强，社区面貌发生了很大变化，涌现出一批绿色社区及创建工作先进单位和个人，为推动生态创建作出了积极贡献。按照《关于进一步开展江苏省绿色社区创建活动的通知》（省环委[2006]17号）要求，在各地申报的基础上，省环委会绿色社区创建指导委员会办公室对申报社区组织了考核验收，经省环委会办公室研究并在江苏环保网站公示，现决定公布南京市玄武区锁金村街道锁四社区等132个社区为2009年度江苏省绿色社区，南京市玄武区环境保护局等26个单位为2009年度绿色社区创建工作先进单位，南京市栖霞区环境保护局秦亚平等26名同志为2009年度绿色社区创建工作先进个人。

希望以上绿色社区及先进单位和个人再接再厉，戒骄戒躁，争取更大成绩。各地要进一步深化绿色社区创建活动，创新形式、丰富内容、拓展领域、增强效果，充分发挥创建活动在生态省建设中的作用，为保护生态环境、推进生态文明建设作出新的贡献。

附件：1. 2009年度江苏省绿色社区名单

2. 2009年度绿色社区创建先进单位名单

3. 2009年度绿色社区创建先进个人名单

二〇一〇年四月十五日

附件 1：

2009 年度江苏省绿色社区名单

南京市（4 个）

1. 玄武区锁金村街道锁四社区
2. 秦淮区红花街道曙光里社区
3. 江宁区秣陵街道桥头社区
4. 江宁区谷里街道童前社区

无锡市（29 个）

1. 北塘区惠山街道金马社区
2. 北塘区惠山街道蓉湖社区
3. 北塘区黄巷街道庄前社区
4. 崇安区广益街道广益佳苑社区
5. 崇安区上马墩街道春晖社区
6. 崇安区广瑞路街道广丰三村社区
7. 南长区金星街道阳光城市花园第一社区
8. 锡山区羊尖镇社区
9. 锡山区东亭街道门楼社区
10. 锡山区东亭街道春合社区
11. 锡山区东北塘街道社区
12. 锡山区鹅湖镇青虹路社区
13. 锡山区锡北镇张泾社区
14. 锡山区东港镇港下社区
15. 滨湖区华庄街道凯发苑社区
16. 滨湖区河埒街道青松社区
17. 新区梅村街道泰伯花苑第二社区
18. 新区鸿山街道鸿运苑第一社区
19. 江阴市澄江街道虹桥管理区澄江路社区

20. 江阴市澄江街道城东管理区永安社区
21. 江阴市澄江街道花园管理区延陵路社区
22. 宜兴市宜城街道碓坊社区
23. 宜兴市宜城街道巷头社区
24. 宜兴市宜城街道溪隐社区
25. 宜兴市丁蜀镇蜀山社区
26. 宜兴市宜城街道徐坝社区
27. 宜兴市宜城街道唐公社区
28. 宜兴市宜城街道民主社区
29. 宜兴市宜城街道东山社区

常州市（12 个）

1. 溧阳市溧城镇嘉丰社区
2. 武进区湖塘镇长安社区
3. 武进区湖塘镇中凉社区
4. 武进区湖塘镇邱墅社区
5. 武进区邹区镇邹新花园社区
6. 天宁区清凉新村第二社区
7. 天宁区新丰街社区
8. 钟楼区清潭新村三社区
9. 钟楼区机械一村社区
10. 钟楼区清潭新村第一社区
11. 钟楼区勤业新村第一社区
12. 钟楼区都市桃源花苑社区

苏州市（52 个）

1. 吴中区龙西街道新苑社区
2. 吴中区苏苑街道苑南社区
3. 相城经济开发区泰元社区
4. 相城经济开发区徐庄社区
5. 平江区桃花坞街道学士社区

6. 平江区娄门街道新湘苑社区
7. 沧浪区潼泾社区
8. 沧浪区养蚕里第二社区
9. 金阊区留园社区
10. 金阊区彩虹社区
11. 金阊区红星社区
12. 金阊区双红社区
13. 苏州高新区枫桥街道西津桥社区
14. 高新区通安镇华通社区
15. 高新区浒墅关镇惠丰社区
16. 工业园区唯亭镇张泾社区
17. 工业园区天域社区
18. 工业园区胜浦镇吴淞社区
19. 工业园区胜浦镇新盛花园社区
20. 工业园区东湖春韵社区
21. 昆山市朝阳街道办事处朝阳门社区
22. 昆山市城北街道海峰社区
23. 昆山市亭林街道小桃园社区
24. 昆山市柏庐街道办事处高板桥社区
25. 昆山市枫景苑街道办事处新南社区
26. 昆山市同心街道紫藤社区
27. 昆山市花桥镇曹安街道徐公桥社区
28. 昆山周市镇新镇办事处嘉禾社区
29. 昆山周市镇新镇办事处春晖社区
30. 昆山周市镇新镇办事处天伦社区
31. 昆山市蓬朗街道蓬朗社区
32. 昆山市张浦镇居民委员会
33. 昆山市张浦镇南港社区
34. 昆山市巴城镇正仪街道并蒂莲社区
35. 昆山市巴城镇巴城社区

36. 张家港市杨舍镇民丰社区
37. 张家港市杨舍镇明珠社区
38. 张家港市杨舍镇云盘社区
39. 张家港市杨舍镇东湖苑社区
40. 吴江市盛泽镇花园社区
41. 吴江市盛泽镇里安社区
42. 吴江市盛泽镇太平社区
43. 太仓市洋沙社区
44. 太仓市朝阳社区
45. 太仓市浏河镇复兴社区
46. 太仓市双凤镇居民委员会
47. 太仓市太胜社区
48. 常熟市虞山镇兴福街道甬江社区
49. 常熟市虞山镇方塔街道西庄街社区
50. 常熟市虞山镇琴湖街道锦荷社区
51. 常熟市古里镇小康社区
52. 常熟市辛庄镇杨园社区

南通市（13 个）

1. 南通市崇川区虹桥街道虹桥社区
2. 南通市崇川区虹桥街道新建社区
3. 南通市崇川区城东街道银花苑社区
4. 南通市崇川区城东街道新桥苑社区
5. 南通市崇川区新城桥街道文峰社区
6. 南通市崇川区新城桥街道濠景园社区
7. 海安县海安镇中心街道新桥社区
8. 如皋市如城镇花园社区
9. 如东县掘港镇古池社区
10. 海门市海门镇海兴路社区
11. 启东市汇龙镇南苑二村社区

12. 启东市汇龙镇北城区和平新村社区
13. 启东市汇龙镇北城区紫薇三村社区

淮安市（2个）

1. 清浦区清江街道西门社区
2. 清河区淮海街道向阳居委会

盐城市（1个）

1. 盐都区新都街道跃南社区

扬州市（7个）

1. 维扬区双桥街道康乐社区
2. 维扬区梅岭街道锦旺社区
3. 广陵区东关街道琼花观社区
4. 江都市仙女镇云峰社区
5. 高邮市高邮镇南海社区
6. 宝应县安易镇学墩社区
7. 宝应县安易镇东门社区

镇江市（6个）

1. 京口区大市口街道茶山社区
2. 润州区七里甸街道朱方路社区
3. 句容市华阳镇中凌社区
4. 扬中市三茅镇广宁社区
5. 丹阳市云阳镇兴隆苑社区
6. 丹阳市云阳镇大定船社区

泰州市（6个）

1. 泰兴市泰兴镇人民政府五里墩社区
2. 兴化市城市社区工作委员会沧浪社区
3. 姜堰市娄庄镇娄庄居民委员会
4. 姜堰市姜堰镇康华社区

5. 姜堰市姜堰镇河东社区
6. 靖江市靖城街道虹兴社区

复查达标社区（14个）

1. 南京市鼓楼区挹江门街道模范西路社区
2. 南京市玄武区孝陵卫街道农科院社区
3. 南京市玄武区红山街道红山公园社区
4. 南京市建邺区南苑街道兴达社区
5. 南京市雨花台区人民政府梅山街道梅欣居委会
6. 南京市江宁区东山街道章村社区
7. 南京市江宁区东山街道中前社区
8. 南京市江宁区秣陵街道成山社区
9. 南京市高新技术产业开发区高新花苑社区
10. 无锡市崇安区崇安寺街道连元街社区
11. 无锡市崇安区崇安寺街道汤巷社区
12. 常州市钟楼区怀德苑社区
13. 常州市钟楼区金色新城社区
14. 常州市钟楼区西新桥二村二社区

附件2:

2009年度绿色社区创建先进单位名单

南京市（4个）

1. 玄武区环境保护局
2. 雨花台区环境保护局
3. 江宁区环境保护局
4. 建邺区人民政府南苑办事处

无锡市（6个）

1. 崇安区环境保护局
2. 南长区环境保护局
3. 锡山区人民政府东亭街道办事处
4. 江阴市澄江街道环境保护管理所
5. 宜兴市环境保护局
6. 宜兴市万石镇人民政府

常州市（4个）

1. 常州市环境保护局
2. 武进区环境保护局
3. 钟楼区永红街道办事处
4. 天宁区茶山街道办事处

苏州市（6个）

1. 沧浪区环境保护局
2. 金阊区环境保护局
3. 工业园区唯亭镇人民政府
4. 昆山市环境保护局法治宣教科
5. 昆山市周市镇人民政府
6. 昆山市枫景苑街道党工委

南通市（2个）

1. 崇川区环境保护局
2. 启东市环境保护局

盐城市（1个）

1. 东台市环境保护局

扬州市（1个）

1. 江都市环境保护局

镇江市（1个）

1. 句容市环境保护局

泰州市（1个）

1. 靖江市环境保护局

附件3：

2009年度绿色社区创建先进个人名单

南京市（4个）

1.	栖霞区环境保护局	秦亚平
2.	六合区环境保护局（大厂片）	陈淑萍
3.	江宁区东山街道办事处	周桂林
4.	建邺区南湖街道办事处	卢志星

无锡市（5个）

1.	北塘区环境保护局	顾林华
2.	滨湖区环境保护局	倪　斌
3.	新区梅村街道环境保护办公室	蔡　宏
4.	江阴市环境保护局宣传法治科	王　蔚
5.	宜兴市丁蜀镇人民政府	袁　迪

常州市（2个）

1.	常州市环境保护局宣教法规处	董　超
2.	武进区湖塘镇人民政府社区办	柴传红

苏州市（8个）

1.	吴中区环境保护局	汪君奇
2.	相城区环境保护局	王招根
3.	平江区环境保护局	徐　斌

4. 高新区枫桥街道办事处　顾林男
5. 昆山市环境保护局法治宣教科　孔谷雨
6. 昆山市玉山镇环境保护办公室　周国华
7. 昆山市周市镇环境保护办公室　陆晓夏
8. 太仓市环境保护局宣教法治科　顾炳元

南通市（2个）

1. 南通市环境保护局宣传教育中心　李　婷
2. 崇川区虹桥街道办事处　盛卫平

盐城市（1个）

1. 亭湖区环境保护局　胡新民

镇江市（1个）

1. 扬中市环境保护局法规宣教科　肖　伟

泰州市（1个）

1. 姜堰市环境保护局　赵子宏

省级机关（2个）

1. 江苏省环境技术国际合作中心　陈俭霖
2. 江苏省妇女联合会宣传部　冯　纬

后　记

《走向低碳时代》一书在与读者见面之际，我们最想说的，它不完全是个人作品，而是集体智慧的结晶，是团队协同努力的成果，是家庭社区绿色足迹的总结。在这个开拓创新的群体中，我们要感谢勤奋耕耘在环保宣教系统的南京市环境保护局曹纯山主任、徐州市环境保护局于新兰副主任、常州市环境保护局王普生副处长、南通市环境保护局李耀东主任、扬州市环境保护局李新林处长、镇江市环境保护局陆敏主任、泰州市环境保护局裴甸昶处长和南京市环境保护局梅益凤高级工程师，他们在多年的工作实践中，为构建苏南打牢硬件、苏中提升软件、苏北因地制宜的江苏省绿色社区创建模式洒下了辛勤的汗水，总结出来的许多创建经验，为丰富本书内容提供了值得借鉴的素材。

在这个团队里，我们还要感谢苏州市环境保护局陈建宁处长，在实践中摸索，在理论上总结，为江苏省绿色社区创建活动步入全国先进行列，为全国绿色社区创建活动经验交流会在苏州市召开作出了突出的贡献。

我们还需要由衷地致谢国家环境保护部宣传教育中心焦志延主任，环保部宣教中心教育室曾红鹰主任和高俊萍、焦志强两位项目主管，美国环保协会中国项目办公室袁轶主任，南京市江宁区东山街道办事处周桂林副主任，他们为我们深化绿色家庭和绿色社区创建活动，从立项和经费上提供了专题试点的平台，在他们的细心指导下，我们开展的社区环境圆桌对话、社区千家碳排放调查、全民低碳行动江苏项目、社区环保志愿组织建设都取得了可喜的成果，为家庭社区走向低碳时代，探索了有效的发展途径。

最后，我们还要感谢责任编辑沈建主任，为这本集资料与工具于一体的《走向低碳时代》，能够更好地引导居民家庭社区节能减排、绿色生活、低碳发展，从书名到内容提出了很多建设性的修改意见。

我们特别要说的是，江苏省绿色家庭和绿色社区创建活动能够取得这样大的成绩，离不开各级领导的关心和支持，省政协张连珍主席，在担任省政府副省长、省委副书记期间，分管环保工作，这次她欣然为本书题词；原省政府副省长、省人大常委会副主任凌启鸿欣然为本书作序，这不仅是对作者的鞭策，也是对家庭社区环保工作更上一层楼寄予厚望。

梅花香自苦寒来，长江后浪推前浪，新世纪之初的十年，家庭社区在绿色创建中改善了身边的生活环境，未来的岁月里低碳是时代的旋律，也是家庭社区“后绿色”的明天，让我们携起手来，在苦寒中、在风浪中，与居民家庭社区一起走向低碳时代。

刘建雄于南京·紫金城

2010 年仲夏之夜